国家社会科学基金青年项目“哲学逻辑视角下的真理论研究”(10CZX036)
华南师范大学政治与行政学院学术著作出版基金

Tarski's Theorem
and Truth-theoretic Paradoxes

塔斯基定理与
真理论悖论

熊　明/著

科学出版社
北京

内 容 简 介

关于说谎者及其相关真理论悖论的研究始于古希腊时代，之后相关理论层出不穷，但至今仍无定论，相关研究仍是当今逻辑研究的一大热点。本书梳理了塔斯基、克里普克、赫兹伯格-古普塔等人的真理论的基本内容，并通过分析其理论对真谓词的处理概括出真谓词在可能世界上的一种模式，进而给出了塔斯基定理的一系列的推广。主要探讨在对真谓词进行定义时所可能产生的悖论问题，基本目标是应用符号逻辑理论对这些悖论进行刻画，从而明确定义真谓词所需的条件。

本书适合逻辑学、哲学等及相关专业的读者参阅。

图书在版编目（CIP）数据

塔斯基定理与真理论悖论 / 熊明著. —北京：科学出版社，2014.3
ISBN 978-7-03-040124-3

Ⅰ.①塔… Ⅱ.①熊… Ⅲ.①数理逻辑—定理(数学)—研究 Ⅳ.①O141

中国版本图书馆 CIP 数据核字(2014)第 046418 号

责任编辑：郭勇斌 高丽丽 / 责任校对：宋玲玲
责任印制：李 彤 / 封面设计：无极书装

编辑部电话：010-64035853
E-mail:houjunlin@mail.sciencep.com

科学出版社出版
北京东黄城根北街 16 号
邮政编码：100717
http://www.sciencep.com

北京凌奇印刷有限责任公司印刷
科学出版社发行 各地新华书店经销
*
2014 年 5 月第 一 版 开本：720×1000 1/16
2022 年 1 月第六次印刷 印张：11
字数：152 000

定价：**65.00** 元

（如有印装质量问题，我社负责调换）

序

1936 年，塔斯基发表的著名论文《形式语言中的真理概念》(The concept of truth in formalized language)，开创了逻辑学中的真理论这一重要分支，它在西方逻辑学界、哲学界乃至语言学界等领域都产生了重大而深远的影响，直至今日，它仍然是西方主流非古典逻辑学中最重要的分支与研究方向之一。2004~2009 年，熊明作为我的博士研究生，其主攻方向是真理论与悖论之关系。作为他的论文导师，从一开始我就对他讲清楚了我的期望，尤其是他的博士论文应该达到的水平；但是，在学术方面，除了告诉他这个研究方向和一些专业内重要学者及他们的论文之外，我并没有真正给他多少技术方面的实际帮助。

熊明在开始博士研究生学习时，数学基础并不强，但通过认真刻苦的学习与研究，他在博士研究生学习期间取得了令人瞩目的学术成就，发表在西方重要逻辑学杂志的学术论文受到了包括西方著名真理论专家、麻省理工学院的麦吉（V. McGee）教授等人的重视与赞赏。客观地说，他的博士论文基本上达到了美国任何一个好的大学博士论文的水平；在中国国内，这是继 20 世纪 80 年代中期徐明先生撰写的硕士论文之后所取得的又一个真正的好成绩。该书是在熊明的博士论文的基础之上修改而成的，其中使用了简单的技术处理哲学问题，可读性强，并兼有一定的思想性，可以作为有一定数学与逻辑学基础的学生或学者了解真理论的入门书。

中国有很多研究逻辑学的人，高校中也建立了许多逻辑学研究所、逻辑学专业等令人眼花缭乱的机构和专业，每年都会产生数不清的论文，然而能够在国际上公认的有学术地位的主流逻辑杂志上发表文章的人却是少之又少，做出能够称得上是真正好的成果则更是凤毛麟角。不必说与美国、欧洲各国、俄罗斯、以色列等逻辑学强国相比，就是与亚洲的邻国日本和新加坡相比，中国的逻辑学也是非常落后的。这是一个令人难堪与痛苦的事实。希望年轻人中对逻辑学有兴趣的同学能够有志气沉下心来认真学习与研究这一古老的学科，做出真正能够令世人瞩目的好成果。

张　羿

2014年2月8日草于意大利佛罗伦萨

前　言

本书是一项关于塔斯基定理与真理论悖论之间关联性的研究。塔斯基定理（全称为“塔斯基真之不可定义性”）是数理逻辑中与哥德尔两个不完全性定理齐名的理论。关于哥德尔不完全性定理，著名的美籍华人逻辑学家王浩曾经评论道：“哥德尔定理就好比弗洛依德的心理学，爱因斯坦的相对论，玻尔的互补性原理，海森堡的测不准原理，凯恩斯的经济学和DNA的双螺旋。”（王浩, 2004: 82）而在逻辑学中，就定理本身的意义及其对后世的影响而言，能与哥德尔定理比肩的结果大概也就只有塔斯基定理。

事实上，在很多方面，哥德尔定理与塔斯基定理都具有可比性。如果说哥德尔定理是一个关于形式系统语形方面的结果，那么塔斯基定理就主要是关于形式系统语义方面的结果；如果说哥德尔定理表明了形式系统在可证性方面有局限性，那么塔斯基定理则表明了形式系统在真理性方面有局限性。更具体一点，哥德尔定理证明了形式系统除非包含矛盾，否则总有它应证明的语句（特别地，应证明说它不含矛盾的那个语句）不可能在它内部得到证明，那么塔斯基定理则证明了形式系统除非包含矛盾，否则它的真谓词不可能在它内部得到定义。最后，这两个定理的证明都与说谎者悖论相关，只不过哥德尔定理的证明中构造了一个类似于说谎者悖论（但不是悖论）的语句，而塔斯基定理的证明则通过归谬法在形式系统中重构了说谎者悖论。

关于真的问题是哲学的一个基本问题，可以说哲学史有多长则对真的研究历史就有多长。而对说谎者及类似悖论的研究也由来已久，至少可以追溯到亚里士多德时代。作为一个划时代的结果，塔斯基定理在逻辑研究的范围之内首次把对真的研究与对说谎者及其相关悖论的研究联系在一起，揭开了真与说谎者及类似悖论数理逻辑方面研究的序幕。说谎者及类似悖论与真的这种高度相关性使得这类悖论被称为“真理论悖论”。

塔斯基定理说的是形式语言在一定的条件下不能定义其自身的真谓词。这是一个限制性的结果，有关这个结果的后续研究都是通过修改形式语言的某些条件，从而达到定义形式语言真谓词的目的的。从塔斯基自己提出的语言层次理论，到克里普克提出的归纳构造理论，再到赫茨伯格和古普塔各自独立提出的修正理论，所有这些理论无不是改变了形式语言的某些条件，最终达到定义形式语言真谓词的目的。

更具体一点说，塔斯基定理的实质是如果形式语言在语形方面足够丰富，在语义方面符合经典逻辑的赋值模式，并且它的语句都满足塔斯基对真谓词提出的 T-模式，那么必定可以通过某个悖论推出矛盾。所以如果要对形式语言中的真进行定义，就必须对形式语言的语形、语义，以及 T-模式的某个方面作出某种让步才能达到定义真的目的。上述三个理论就是在以上三个方面的某个或某些方面作出了妥协，特别是它们对 T-模式都作出了某种程度的限定，从而得以避开真理论悖论引发的矛盾。

本书作为塔斯基定理的后续研究，同样对形式语言的条件作出让步，但只对上述三个条件中的第三个——T-模式——作出让步，而且这里的让步不是对 T-模式进行限制，反而是对它的推广（本书称推广后的模式为“相对化 T-模式”）。这样做的结果是我们并不回避真理论悖论引起的矛盾，而是要刻画它们在什么条件下会导致矛盾。

本书研究的一个基本发现是在塔斯基定理的证明中，当用相对化 T-模式代替原先的 T-模式时，真理论悖论推出矛盾都是基于一定的条件的，而且不同的悖论所基于的条件不必相同。而相对化 T-模式实则是塔斯基 T-模式在框架（即图论中的有向图）上的相对化，因此，上述发现的实质是真理论悖论只是在满足特定条件——通常是循环性条件——的框架上才会导致矛盾。这是本书将要论证的悖论特有的相对矛盾性。针对几类典型的真理论悖论，我们确定了它们发生矛盾的充分且必要的框架条件，由此对悖论的相对矛盾性进行了刻画，并对不同悖论的相对矛盾性的强弱进行了比较。这建立了塔斯基定理的一系列推广。在此基础之上，我们还将对悖论与自指、悖论与循环的关系进行一般性地分析。

本书第一章介绍了若干典型的真理论悖论，围绕塔斯基定理提出本书所欲解决的基本问题，并引入问题构建所需的基本工具。第二章首先对塔斯基定理及其后续三个真理论进行综述，在此基础之上指出这三个理论都对塔斯基原先的 T-模式进行了修改，然后根据这些修改，一般性地抽象出相对化 T-模式作为真谓词的一个新原则。

第三章在相对化 T-模式下，建立了塔斯基定理的一系列推广，对几类典型的真理论悖论的相对矛盾性进行刻画，并对这些悖论的相对矛盾性的强弱进行比较。证明了对任意正整数 $n=2^i(2j+1)$，n-卡片悖论用于塔斯基定理的证明时必在一个框架中导致矛盾，当且仅当此框架含有高度不能被 2^{i+1} 整除的循环；并且证明了对任意正整数 n、m，n-卡片悖论在矛盾程度上不强于 m-卡片悖论（指两者同时用于塔斯基定理的证明时，后者一定在前者蕴涵矛盾的框架中蕴涵矛盾），当且仅当 $(n)_2\leqslant(m)_2$，其中 $(n)_2$ 表示 n 的素数分解式中 2 的重数。特别地，说谎者悖论用于塔斯基定理的证明时，在并且只在含奇循环的框架中发生矛盾；说谎者悖论在矛盾程度上严格地弱于佐丹卡片悖论；还证明了亚布洛悖论在矛盾程度上等同于说谎者悖论。

第四章在通常的无穷命题语言中讨论悖论，这里我们用语句网来表示悖论，而相对化 T-模式被间接地体现在语句网的解释之中。除证明先前工作可移植到此语言中，这一章更侧重分析悖论与自指、悖论与循环之间的关系问题。主要的结论是：有穷悖论都是自指的，同时其矛盾性都依赖于循环（除了框架中非出现不可的那种循环之外）。作为对照，我们还证明对任意 $n\geqslant1$，n-行亚布洛式悖论是非自指的；所有的超穷赫茨伯格悖论及麦基悖论在所有非良基的框架中都是矛盾的，因而其矛盾性可不依赖于循环。在这一章，我们还对一类隐定义的悖论——跳跃说谎者悖论进行刻画，由此讨论了悖论的可定义性问题。

基于并且仅基于相对化 T-模式，本书对几大类典型的悖论语句序列各自所具有的相对矛盾性予以确定，对它们之间相对矛盾性的强弱进行对比，对长期以来悖论与循环、自指之间纠缠不清的问题予以澄清和解决。我们发现了各种真理论悖论背后隐藏着丰富的数学结构，还由此引发出一系列的新问题，使得真理论研究向更宽广、更深入的纵深方向发展。通过这一系列的对典型悖论的刻画，以及对悖论与循环和自指之间关联进行一般性地分析，我们为相对化 T-模式应用于分析悖论方面的优雅和力度提供了充足的数学例证，一系列的结论表明相对化 T-模式不但有着良好的直观基础和哲学根柢，更为重要的是，它是一条体现数学美和逻辑力的原则：它本身非常简单，但却是处理众多真理论悖论的方法论原理，具有极强的可操作性、兼容性和灵活性。我们有理由断定相对化 T-模式为形式真理论未来的发展开辟了一条新的途径。

对于语义悖论的研究，美国逻辑学家巴怀斯（J. Barwise）曾指出："研究语义悖论富有成效的一种方式就是去寻找这样一种合情合理的数学建制，使得我们可去分析真与指称这样的概念，并可应用悖论推理进行定理证明以澄清隐藏在这些概念后的假设以及引起悖论的假设。"（Barwise and Moss, 1996: 184）通过对语义悖论的一个重要之类——真理论悖论的研究，我希望本书在真理论悖论的探索方面能够为分析悖论提供新的强有力的数学技术，为真理论奠定一个坚实的新基础，最终为真理论的发展开辟一个新的方向。

本书是在我的博士论文基础上完善而成的，感谢导师张羿教授在学术上给予的帮助。在本书及相关论文的写作中，刘壮虎教授、周北海教授、王路教授、陈晓平教授、陈兵龙教授、李小五教授、邹崇理教授、朱葆伟研究员、邢滔滔副教授、普里斯特（G. Priest）教授、麦吉（V. McGee）教授、亚布洛（S. Yablo）教授、伍兹（J. Woods）教授、科尔（L. Cole）博士、伊格纳西奥（O. Ignacio）博士提供了许多修改建议，在此一并表示感谢。感谢胡泽洪教授、周祯祥教授一直以来在工作上给予的爱护和帮助。感谢潘天群教授帮助我联系出版，同时还要感谢科学出版社的杨静、郭勇斌两位编辑辛勤的工作。感谢我的学生林其清在第一稿中所做的校对工作。感谢巫斌、张立英、李慧华提供的 Latex 技术或文献资料上的帮助。

本书从最初的写作到现在的出版都离不开家人的默默付出，特别要感谢我的妻子赵艺，她一直在家务上作出了最大的努力确保我顺利完成书稿，并对书稿的写作和出版一直予以关注和提醒。还要感谢我的母亲李从仁，她从小教导我努力而不争强，认真做事自有收获。最后，谨以此书纪念我的父亲熊正轩，他用行动告诉我们生活无论多艰辛也要找到能全身心投入而不知疲倦的事业。本书正是父亲朴素想法的体现。

熊 明

2014 年 1 月

目　录

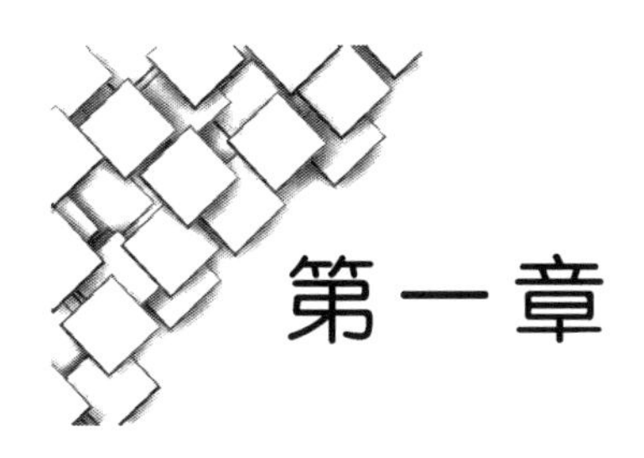

第一章

导　论

这一章首先对若干典型的真理论悖论进行介绍（1.1 节），然后对塔斯基定理的内容进行非形式的表述，说明本书考虑的基本问题（1.2 节），最后引入思想上来自图论的若干基本概念（1.3 节），它们将是本书问题建构与解决的基本工具。

§1.1　真理论悖论

所谓**悖论**，一般的看法是从看似合理的语句导出逻辑矛盾的现象。各个学科中都会出现悖论，逻辑学中的悖论一般特指逻辑悖论。逻辑悖论又可分为集论悖论与语义悖论两种：若悖论起因于类、数等纯粹数学概念的不恰当引入，则可归入集论悖论之列；若悖论之产生与语句的真假、词项的指称等相关，则属于语义悖论。①

集论悖论的出现与数学基础相关，解决之道主要是集合论公理的引入。历史上，最早的一种尝试是罗素的类型理论（type theory），但这种理论因有过多的“层次”和“类型”逐渐淡出人们的视野。后来，蒯因（W. V. Quine）对类型理论进行改进，提出了 NF 系统，在逻辑学界影响甚大。② 这个系统的一致性问题自 1937 年以来仍是非经典逻辑最为重大的公开问题之一。几乎是在同一时期，哥德尔和贝尔纳斯提出 GB(Gödel-Bernays set theory) 系统，策梅洛和弗伦克尔提出 ZF(Zermelo-Fraenkel set theory) 系统。前者实际上是后者的保守扩张，而 ZF 系统现今已成为集合论的主流，绝大多数数学家都认为这是集论悖论最佳的解决方案。至少在数学界，人们很少就集论悖论再去提出新的解决方案。

语义悖论的研究则是另外一种状况。即使撇开其他悖论只谈古老的说谎者悖论一个，迄今为止，解决方案可以说是层出不穷，但仍没有一个得到公认。这一点可以引述美国当代悖论专家维瑟（A. Visser）的一段评论（Visser, 1989: 617）为证：

> 不像归纳定义，代数几何或等离子物理那样，语义悖论不是科学研究的对象——至少现在还不是。另一方面，悖论又具有很强的诱惑性，许多哲学家或逻辑学家已为此殚精竭虑——但基本上都是各自为政。关于悖论的文献浩如烟海，却都是零零散散，啰啰嗦嗦，毫无理论的延续性可言。

因而，语义悖论仍是人们津津乐道的话题，有关语义悖论的解决方案也是层出不穷。在语义悖论中，又以那些悖论的产生与语句真假直接相关的特别引

---

①这种分类源自拉姆齐（F. P. Ramsey），但要注意，集论悖论在拉姆齐那里被称为是“逻辑或数学悖论”，而语义悖论则被他称为“认识论悖论”。参见 Ramsey(1925) 或 Haack(1978: 137-138)。

②蒯因称其系统为数理逻辑的“新基础”（new foundations），NF 系统由此得名，参见 Quine(1937)。

人注目——它们的形式异常简单，但其悖论的起因却令人无比困惑。一般把这样的悖论称为**真理论悖论**（truth-theoretical paradox）。①

本书主要探讨的对象就是真理论悖论。最典型的真理论悖论有以下几类：①说谎者悖论及卡片悖论；②亚布洛悖论及其他亚布洛式悖论；③麦吉悖论和超穷赫茨伯格悖论。

下面依次介绍这三类悖论。

说谎者悖论源自于这样一句话："本语句是假的"，也可以说成：

$$\text{语句 (1.1) 是假的,} \tag{1.1}$$

当考虑语句 (1.1) 的真假时，会出现下面的两难：如果语句 (1.1) 真，那么据其所说，它必为假；但如果它为假，它与其所说的又相符，故必为真。简言之，语句 (1.1) 蕴涵矛盾，这就是通常所说的**说谎者悖论**。语句 (1.1) 因此被称为**说谎者语句**或**说谎者**，可用 L 表示。

关于说谎者悖论，最早的文献记载可追溯到《圣经 · 新约》中的《提多书》，在其中第 12~13 小节，我们看到："有克利特人中的一个本地先知说：'克利特人常说谎话，乃是恶兽，又馋又懒。' 这个见证是真的。" 这可以看作是说谎者悖论的雏形。据说，《圣经》上记载的这个 "本地先知" 就是古希腊哲人埃庇米尼得斯 (Epimenides)，由此算来，说谎者悖论已经有 2600 年的历史，比亚里士多德的三段论还早 300 年。

然而，埃庇米尼得斯所言 "克利特人常说谎话" 并不是真正意义上的悖论。虽然从爱匹门尼德的这句话为真，可得到这句话为假，但是从这句话为假，并不能导出这句话为真。因而，埃庇米尼得斯的发现还不足以称为 "悖论"。

我们今天所看到的说谎者悖论主要归功于古希腊米利都人欧布里德 (Eubu-

① 参见 (Beall, 2008)。顺便提一下，这里所说的 "真理论" 乃是 "关于真的理论" (theory of truth, truth theory) 的简称，它是某些逻辑理论的统称，不要把它与那种带有意识形态意味的 "真理论" 相混淆。为保持上下文一致，其他类似的词也作类似称呼，例如，"concept of truth" 叫作 "真概念"，"truth predicate" 叫作 "真谓词"。有时又可加 "之" 字以防明显的误读，比如，"definition of truth" 叫作 "真之定义"。

lides of Miletus, 公元前 4 世纪左右)。欧布里德是古希腊哲学流派麦加拉学派的领袖之一，他与亚里士多德是同时代的人。事实上，这两个人在学术上是对立的，经常进行论战。欧布里德在逻辑上的主要贡献就是提出了七个有名的悖论，其中说谎者悖论位列第一。欧布里德的提法是："某人说他在说谎。他说的话是真还是假？"(Bochenski, 1970: 131) 这句话后来又变为另一种提法，即"我正在说的是谎话"。这句话实际上等价于语句 (1.1)。

中世纪逻辑学家对说谎者悖论进行了细致的研究，提出了许多变形。例如，考虑如下两个语句：

A : 神话怪物存在。

B : 这两句话都为假。

不难看出，其中也包含逻辑矛盾：从 B 为真可得出 B 为假，而从 B 为假也可反推出 B 为真 (Bochenski, 1970: 240)。这种变形比较平庸。下面这种变形为悖论的矛盾情况注入了新的元素。

语句 (1.2-2) 为假，　　(1.2-1)

语句 (1.2-1) 为真。　　(1.2-2)

可以验证，假定上述两句话中任何一句为真 (或为假)，都会出现自相矛盾的现象。这一现象最早被英国数学家佐丹发现，他最初的提法是：考虑正反两面各写有"背面那句话是真的"和"背面那句话是假的"的卡片，则从这张卡片上的任何一句话都可推出这句话的反面。因而，这一悖论常被称为佐丹卡片悖论或明信片悖论，上述两个语句所形成的序列可称为佐丹卡片序列。

一般地，可把说谎者悖论和佐丹卡片悖论推广为 n-卡片悖论。它由下面的 n 个语句构成：

语句 (n_n) 为假，　　(n_1)

语句 (n_1) 为真，　　(n_2)

语句 (n_2) 为真，　　(n_3)

……

$$\text{语句}\ (n_{n-1})\ \text{为真。} \tag{n_n}$$

为方便起见，可把 n-卡片悖论中的语句序列称为 **n-卡片序列**。注意，当 $n=1$ 时，n-卡片序列即是说谎者语句；当 $n=2$ 时，n-卡片序列即是佐丹卡片序列。有时，也用“卡片悖论”笼统地指某个 n-卡片悖论。

卡片序列的一个重要特征是，它们都是自指的。说谎者语句最为特殊，它直接指称自己如何如何，在这个意义上，这个语句是直接自指的。其他卡片序列虽然没有直接指称自己，但却通过其他语句“兜圈子”地指称自己，这称为间接自指。人们很早就知道了，语句的自指特征不一定导出逻辑矛盾。例如，说谎者语句的对偶句

$$\text{语句}\ (1.3)\ \text{是真的,} \tag{1.3}$$

同说谎者语句一样都是直接自指的，但并不会导致任何矛盾。这个语句常被称为“**诚实者语句**”。间接自指也不一定导致矛盾，例如，下面的两个语句就不含逻辑矛盾：

$$\text{语句}\ (1.4\text{-}2)\ \text{为假,} \tag{1.4-1}$$

$$\text{语句}\ (1.4\text{-}1)\ \text{为假。} \tag{1.4-2}$$

所以，不论是直接自指还是间接自指，对于形成悖论都不是充分的。那么自指性对于悖论的形成是必要的吗？在很长一段时间内，人们都相信自指至少对悖论是必要的，并认为只有禁止语句使用自指才能排除悖论中的矛盾。但 1993 年美国逻辑学家亚布洛 (S. Yablo) 提出了著名的亚布洛悖论，对这一信念提出了挑战 (Yablo, 1985: 340; 1993: 251)。

亚布洛的构造如下。对任何自然数 n，令

$$\text{对任意}\ m>n, (Y_m)\text{都为假。} \tag{Y_n}$$

这就得到序列 $Y_0, Y_1, \cdots, Y_n, \cdots$，其中每个语句都指它后面所有语句为假。一般认为，序列中的每个语句都既不是直接指称的，又不是间接指称的。然而，它

们却蕴涵着矛盾。事实上，假设 Y_0 为真，那么 Y_1 为假，并且 Y_1 后所有的语句也为假，从而又可知 Y_1 为真，矛盾。再假设 Y_0 为假，则存在大于 0 的自然数 N 使得 Y_N 为真，类似于上面的推导，可知 Y_{N+1} 既真又假，矛盾。

上述悖论即是**亚布洛悖论**，其中的语句构成的序列得名**亚布洛序列**。可这样来看待亚布洛序列，复制说谎者语句可数无穷多次并依次排成一序列，对这序列中的每个分量用它后面的所有分量的无穷合取进行替换，得到的序列就相当于亚布洛序列。在这个意义上，可把亚布洛序列看作是说谎者语句的一个无穷展开。

一般地，可以把每个卡片序列按照类似的方式进行展开，兹定义如下。对任何正整数 n，规定语句矩阵 $Y^n = \langle Y_j^i \mid 1 \leqslant i \leqslant n, j \in \mathbb{N} \rangle$ 如下：

(1) 对所有 $j \in \mathbb{N}$，令 Y_j^1 是语句：对任意 $k > j$，Y_k^n 为假。

(2) 对所有 $1 < i \leqslant n$，$j \in \mathbb{N}$，令 Y_j^i 是语句：对任意 $k > j$，Y_k^{i-1} 为真。

称 Y^n 为 **n-行亚布洛式矩阵**。要注意 1- 行亚布洛式矩阵就是亚布洛序列。同亚布洛序列一样，容易验证，其他所有 n-行亚布洛式矩阵都会导致逻辑矛盾。在这个意义上，可把 n-行亚布洛式矩阵导出矛盾的现象称为 **n-行亚布洛式悖论**，并把所有这些悖论笼统地称为**亚布洛式悖论**。

与卡片悖论不同，每个亚布洛式悖论都含有无穷多个语句。不妨按照悖论所含语句是否有穷，把悖论分为**有穷元悖论**和**无穷元悖论**两类。关于无穷元悖论，下面一种也颇值得一提。

考虑无穷多个语句 M_k $(k \in \mathbb{N})$，其中语句 M_0 断定存在 $k \in \mathbb{N}$，M_k 为假，而对任意 $k \geqslant 0$，语句 M_{k+1} 断定 M_k 为真。不难证明，这的确是一个悖论。这个悖论由麦吉 (V. McGee) 提出 (McGee, 1985: 400; 1991: 29)。需要注意的是，麦吉原先的提法只含语句 M_0，他断定下面的语句至少有一个为假：M_0、“M_0 为真”、“‘M_0 为真’ 为真” 如此以至无穷。显然，麦吉的提法与这里的表述等价。

最后，我们举一个涉及超穷序数的无穷元悖论。对任何序数 α，令 H^α 是序列 $\left\langle H_\beta^\alpha \mid \beta \leqslant \alpha \right\rangle$，其中各分量是如下规定的语句：

(1) H_0^α 是语句：H_α^α 为假。

(2) 对所有的 $0<\beta+1\leqslant\alpha$，$H_{\beta+1}^\alpha$ 是语句：H_β^α 为真。

(3) 对所有的极限序数 $\beta\leqslant\alpha$，H_β^α 是语句：H_γ^α 对所有满足 $\gamma<\beta$ 的 γ 都为真。

容易验证，对任何序数 α，序列 H^α 都会导致逻辑矛盾。这个序列由加拿大逻辑学家赫茨伯格（H. G. Herzberger）构造（Herzberger, 1982b: 147-148）。以后称之为 α- **元赫茨伯格序列**，它所导致的悖论相应地称为 α-**元赫茨伯格悖论**。注意，n-元赫茨伯格序列相当于 $(n+1)$- 卡片序列。而当 α 是超穷序数时，α-元赫茨伯格序列可统称为超穷赫茨伯格序列。

§1.2 塔斯基定理 (非形式的表述)

真理论悖论的迷人之处在于，它们外表简单，所导致的问题人人都能明白，但却意蕴深刻，问题的起因令人难以捉摸。因而，自说谎者悖论提出以来，不论是哲学家，还是逻辑学家、数学家等都对这一悖论进行了不同侧面的探索，并且还源源不断地贡献出新的悖论对人类理智提出挑战。对于悖论的研究，波兰逻辑学家塔斯基（A. Tarski）就有如下评论（Tarski, 1999: 123-124）：

> 从科学进步的立场来看，贬低这个［说谎者悖论］和其他悖论，把它们当作说笑或诡辩是十分错误和危险的。……。我们必须探索它［说谎者悖论］的成因，即去分析这一悖论所基于的前提；然后至少排除掉这些前提中的某一个，由此去追究这样做对整个研究领域所形成的后果。

事实上，塔斯基本人即对悖论的研究作出了开创性的贡献。在其 1935 年发表的长篇论文《形式语言中的真概念》中，塔斯基开篇即言针对自然语言中出现悖论，数学家的一项任务就是要“相对于一给定的形式化语言，构造实质上充分形式上正确的‘真语句’词项的定义”，分析“悖论所基于的前提”，最终达到消除悖论的目的 (Tarski, 1936: 152) 塔斯基分析悖论成因的一个关键结果就是著名的“真之不可定义性定理”，现在一般称为“塔斯基定理”。

定理 1.2.1(塔斯基定理) 任何一个充分丰富（丰富到足以包含初等算术）的形式语言不可能包含这样的一元谓词符 T，使得如下等值式对该语言的任何语句 A 都成立：

$$T\ulcorner A\urcorner, \text{当且仅当 } A, \tag{T}$$

其中 $\ulcorner A\urcorner$ 是语句 A 的名称或哥德尔编码。

定理 1.2.1 中出现的等值式 (T) 是塔斯基根据人们对**真谓词** (truth predicate) “是真的” 如下基本用法提出来的：断定一个语句真相当于断定该语句本身。这个式子常被称为 **“T-模式”**。塔斯基认为仅当语言中的语句 A 都满足 T-模式，才可以认为模式中的 T 是该语言的一个真谓词。这就是 T 作为一个真谓词所必须满足的 **“实质充分”** 条件。而如果语言本身能够含有这样的谓词，那么就称这个语言是 **“语义封闭的”**。从这点来看，塔斯基定理等价于说任何充分丰富的形式语言都不可能是语义封闭的。它表明相对于一个充足的语言而言的“是真的”这样一个语义概念（如“是算术真命题”）超越了这个语言本身，不可能在这个语言内部获得定义。塔斯基定理也因此才得名“真之不可定义性定理”。

塔斯基定理本身是一个数学命题，但却关乎“真”这样一个基本的哲学概念，这可与哥德尔第一不完全性定理关乎“可证性”概念相比。因而，这个定理同第一不完全性定理一道被认为是数理逻辑两个里程碑式的结果。更有意思的是，这两个定理的证明都受到说谎者悖论的启发，都运用了算术化方法在形式语言中构造出自指语句。① 只不过哥德尔构造的是说谎者语句的变形“本语句不可证”，而塔斯基构造的则是说谎者语句本身，前者是为构造而构造，目的是确立一个不可判定的语句，而后一构造则仅是一种手段，为的是通过悖论在形

① 分别参见 (Tarski, 1936:248;Gödel, 1931: 89)，顺便提一下，塔斯基承认他是根据哥德尔的第一不完全性定理的证明梗概提出并证明其结果的，见 (Tarski, 1936: 247-248)。

式语言中的再现，归谬出形式语言的语义封闭性蕴涵着悖论矛盾。

值得注意的是，在谈到第一不完全性定理的证明与说谎者悖论的关系时，哥德尔有这样一个注解："任何一个认识论悖论都可用于类似地证明不可判定语句的存在性。"（Gödel, 1931: 89）众所周知，不同悖论的使用不但有可能简化哥德尔原先的证明，而且还可能提供新的思想。例如，布洛斯（G. Boolos）就利用贝里悖论（用少于 19 个字符不可命名的最小正整数）给出了不完全性定理的一个新证明 (Boolos, 1989)，其证明过程避开了哥德尔对角线方法，激起了人们用新方法证明旧定理的兴趣（Adamowicz, 2001: 248）。

对于塔斯基定理，一个类似的问题是：除了说谎者悖论外，其他的真理论悖论用于塔斯基定理的证明时又当如何？至少从表面上看，这只是一个结论流于平庸的问题。因为在塔斯基定理的证明中，使用其他悖论来代替说谎者悖论，只会使归谬过程中推出矛盾的过程变得更加复杂，本质上并不会带来新的东西。但是，让我们不要如此轻易地放弃一个问题，在对塔斯基定理后续的某些理论作出一点概括后，我们再回到这个问题上。

作为数理逻辑奠基性的成果之一，塔斯基定理对逻辑学的众多分支都产生了深远的影响。就关于真理论悖论的研究而言，下面的三个真理论都是由塔斯基定理延伸出来的①：

(1) 塔斯基的语言层次理论（1935 年）。

(2) 克里普克（S. Kripke）、马丁（R. L. Martin）和伍德拉夫（W. Woodruff,）的归纳构造理论（1975 年）。

(3) 赫茨伯格和古普塔（A. Gupta）的修正理论（1982 年）。

① 据我所知，与塔斯基定理相关的真理论至少还包括普里斯特 (G. Priest) 的辩证理论，在技术上它完全类似于克里普克的归纳构造理论，前者只是把后者的"真值空缺"（truth-value gap）对偶地转化为"真值过满"（truth-value glut），对于这种对偶性的说明可参见 Barba(1998: 405)。而在哲学上，普里斯特的辩证理论则基于容忍矛盾的原则，这是很难让人接受的，至少很难让大多数西方学者接受，因而这一理论虽经普里斯特、劳特利 (R.Routley) 等多年的经营，但还是难以融入西方学界的主流之中。考虑及此，本书后面完全不涉及普里斯特的辩证理论。

以上三种理论将在后面逐一予以阐述，这里仅引用贝尔纳普 (N. Belnap) 的一段评论以作概括：

> 古普塔关于真的修正理论提出的规则建立在马丁及伍德拉夫 (Martin and Woodruff, 1975: 213-217) 和克里普克 (Kripke, 1975: 690-712) 的两篇论文中所发现的洞见之上（后两篇文章又建立在塔斯基文章的基础之上），其目的在于永久地加深我们关于真、关于悖论（以及关于悖论不出现），以及关于当语言对我们起作用时我们如何反作用于语言的理解。①

正如后面会看到的，语言层次理论、归纳构造理论和修正理论是一脉相承的，它们实际上都肇始于塔斯基定理。这里要先行指出的是，这三个理论都试图在语言中定义出真谓词。当然，根据塔斯基定理，它们必须要为此作出某些让步。比如，为定义真谓词，语言层次理论放弃了语义封闭性；归纳构造理论放弃了语义的“经典性”②；而修正理论则赋予了真谓词新的含义。

我们将会看到，在这三个理论中为定义语言的真谓词，T-模式都被“相对化”到特定的具有某些哲学意义的框架中（见 1.3 节）。本书的一项基本工作就是，对这些特定的“相对化”进行抽象，使其仅仅保留代数结构，得到下述一般意义上的“相对化”形式：对指定框架中的任何两个点 u、v，若 u、v 具有框架中事先指定的关系，则

在 v 处有 $T\ulcorner A\urcorner$（为真），当且仅当在 u 处有 A（为真）。

我把上述形式称为 T-模式在指定框架上的**相对化**，或笼统地将其称为**相对化 T-模式**。

本书将以相对化 T-模式代替塔斯基原先的 T-模式，主要关注这一替代所引发的各种数学后果。回到先前提出的问题，这一替代将使得这一问题不再平

① 贝尔纳普还在注释中提到了赫茨伯格的理论，参见 (Belnap. 1982: 103)。(Hellman, 1985) 对这三个理论中的后两者也作了一个非常简练的点评。

② “经典”(classical) 又译为“古典”，一个语言的语义是经典的指的是这个语言中的联结词和量词按照经典逻辑的语义进行解释。

庸。在这种替代下，**本书要考虑的一个基本问题是：一旦 T-模式在指定框架上进行相对化，说谎者语句（以及其他任何悖论对象）在用于塔斯基定理的证明时是否还总是能导出矛盾？**粗略的回答是，在相对化 T-模式下，真理论悖论被用于塔斯基定理的证明时并不总能导出矛盾：悖论矛盾与否直接取决于指定框架的特性——通常是框架的循环性，而且不同的悖论，其矛盾性可能会依赖不同的循环性。

上述非形式的回答将在以后各章得到严格表述，它将是本书的主要内容。这里仅指出对上一问题的回答表明在相对化 T-模式下，各种真理论悖论对于塔斯基定理的证明的确有不同的存在价值（如此多的悖论若都在塔斯基定理的证明中仅有同样平庸的应用，则反而是令人奇怪的），这些不同的存在性不但令各个真理论悖论表现出自身的独特性，令悖论与自指、悖论与循环这样原先仅有哲学意义的关系获得严格的表达，而且还预示着真理论悖论背后有着丰富的逻辑结构，引发出一系列的原先无法想象的数学问题。对各种真理论悖论的独特性进行刻画，以及对真理论悖论背后的逻辑结构进行初步的描绘构成了本书的主体。

本书第二章至第四章的基本内容安排如下：在第二章中，前三节系统地介绍塔斯基定理及其后续的三个真理论，主要目的是澄清后三者对塔斯基定理的不同解读，以及它们之间的逻辑继承关系；第四节则基于前三节的内容，对相对化 T-模式的前因后果作出概述：笔者将论证相对化 T-模式作为塔斯基 T-模式的一种推广形式，绝不是无中生有的，它完全置根于真理论的土壤，它的某些特殊形式甚至已暗含在以上三个真理论当中；笔者还将勾勒出在相对化 T-模式下，各种悖论对象在塔斯基定理证明中的种种新表现。第三章随即围绕着塔斯基定理，由简单到复杂地对几种典型的真理论悖论按其各自的独特性进行刻画和比较。在第四章中，将在命题语言中对悖论进行研究，它不但容纳了前一章所得的结果，而且还包括了关于悖论与自指、悖论与循环等若干一般性的结果。

§1.3　框架与循环

前一节非形式地拟定了本书所欲解决的基本问题。本节给出建构并解决此问题的基本装置——框架，以及相关的基本概念。历史上，逻辑学家坎格尔、克里普克、辛蒂卡等几乎同时利用这种装置来分析模态（与真理论悖论没有任何理论上的联系），其中以克里普克的影响最大，因而又得名“可能世界框架”。

定义 1.3.1　可能世界框架（简称为“**框架**”）是指二元组 $\langle W, R\rangle$，其中 W 是一个非空集合（称为 $\mathcal{K}$ 的**论域**，其中元素常被称为**可能世界**或**点**），R 是 W 上的二元关系（称为**通达关系**）。框架又常用字母 $\mathcal{K}$ 表示，即 $\mathcal{K} = \langle W, R\rangle$。对点 u, v，当 $u\,R\,v$，即当 u 相对于 v 具有 R 关系时，称 u **通达** v；当 W 存在点 u_1，u_2，$\cdots$，u_n（n 为正整数），使得对所有的 $0 \leqslant k < n$，$u_k\,R\,u_{k+1}$，且 $u_0 = u$ 及 $u_n = u$。此时，称 u n **步通达** u，记为 $u\,R^n\,v$。注意，R^0 就是相等关系 $=$。

给定两个框架 $\mathcal{K}_i = \langle W_i, R_i\rangle$ $(i = 1, 2)$。如果 $W_1 \subseteq W_2$，$R_1 \subseteq R_2$，那么称 $\mathcal{K}_1$ 是 $\mathcal{K}_2$ 的**子框架**，或称 $\mathcal{K}_2$ 是 $\mathcal{K}_1$ 的**母框架**。

图 1-1 中提供了四个框架示意。注意，在这些框架中，箭头的指向表示点与点之间的通达关系。

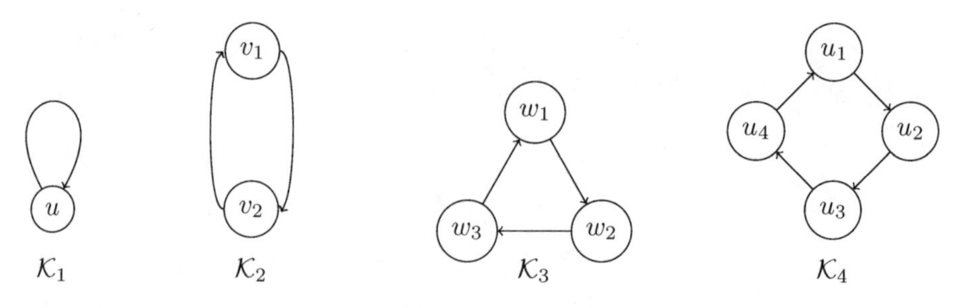

图 1-1　框架中的点与通达关系示例

可以看出，框架实际上相当于图论中没有重边的**有向图**。因而，有向图中的一切概念也都适用于框架。与悖论密切相关的一个概念就是循环。

定义 1.3.2 给定框架 $\mathcal{K} = \langle W, R\rangle$。$W$ 中两点 u、v 称为是**相邻的**，如果它们或者满足 $u\,R\,v$ 或者满足 $v\,R\,u$。对 W 中点的序列 $u_0\,u_1\,\cdots\,u_n$，如果对任何 $0 \leqslant i < n$，点 u_i 和 u_{i+1} 都是相邻的，那么称它（在 $\mathcal{K}$ 中）是一个**长度**为 n 的**路**，并称点 u_0、u_n 为它的两个**端点**。当然，$u_n \cdots u_1 u_0$ 规定为 $u_0 u_1 \cdots u_n$ 的**逆**。特别地，两个端点相同的路称为是**闭的**；一条路，如果其中除了两个端点之外，其他点都没有重复出现，那么称之为**轨道**。闭轨道即是通常所说的**循环**或**圈**。长度为奇数的循环称为**奇循环**。特别地，长度为 1 的循环称为**平庸循环**，与之相对的循环称为**不平庸循环**。

例如，在框架 $\mathcal{K}_1$ 中，点 u 到其自身就形成一个循环，可表示为序列 $u\,u$。这是一个平庸循环，其特别之处在于，它是由自己通达自己的点做成的循环。以后会看到，它们在悖论性的判定方面有独特的功用。在框架 $\mathcal{K}_2$ 中，有这样一个循环：从 v_1 到 v_2 再回到 v_1，可表为 $v_1\,v_2\,v_1$。类似地，在框架 $\mathcal{K}_3$ 中，点列 $w_1\,w_2\,w_3\,w_1$ 表示由 w_1 出发经过 w_2、w_3 回到 w_1 就形成一个循环。注意，闭路不必是循环，比如 $\mathcal{K}_2$ 中的路 $v_1\,v_2\,v_1\,v_2\,v_1$ 闭但不是循环。

下面规定的森林，是一种特殊的框架。我们用它来表示那种不含任何循环（除了 $u\,v\,u$ 这种循环，其中 $u\,R\,v$ 和 $v\,R\,u$ 只有一个成立）的框架。

定义 1.3.3 在一个框架中，如果其中任意两点都有路（从而也有轨道）连接它们，就称这样的框架是**连通的**。如果其中不含平庸循环，也不含图 1-1 中框架 $\mathcal{K}_2$ 所示的循环，并且其中任何两点之间最多只有一条轨道相连，那么就称这样的框架为**森林**。特别地，连通的森林称为**树**。

根据定义，图 1-1 中所有的框架都不是森林（自然也不是树）。

在循环中连续的两个点只要一个通达另一个即可，通达的指向并没有特别的要求。但在某些场合，需要考虑通达关系的指向性。现在来规定有向循环概念。

定义 1.3.4 给定框架 $\mathcal{K} = \langle W, R\rangle$。对 W 中点的序列 $u_0 u_1 \cdots u_n$，如果对任何 $0 \leqslant i < n$，$u_i\,R\,u_{i+1}$ 都成立，那么称它（在 $\mathcal{K}$ 中）是一个**长度**为 n 的**有向**

路，并分别称点 u_0、u_n 为它的**起点**、**终点**。特别地，起点和终点相同的有向路称为是**闭的**；一个有向路，如果其中除了两个端点之外，任何两个点都没有重复出现，那么称之为**有向轨道**。**有向循环**是指有向的闭轨道。

作为对照，考虑图 1-2 中的两个框架，不难看出与图 1-1 中的框架 $\mathcal{K}_3$、$\mathcal{K}_4$ 相比，$\mathcal{K}_3'$ 和 $\mathcal{K}_4'$ 都不含有向循环，但前面提到的 $\mathcal{K}_3$、$\mathcal{K}_4$ 中的循环在 $\mathcal{K}_3'$、$\mathcal{K}_4'$ 中仍然是循环。

图 1-2　不含有向循环的框架示例

下面一个概念是新引入的，它对于回答前面提到的问题是至关重要的。

定义 1.3.5　给定框架 $\mathcal{K}$，定义从 $\mathcal{K}$ 的路集到整数集的映射 h 如下：对任何点 $u \in W$，$h(u)=0$；对 $\mathcal{K}$ 的路 $\xi = u_0\,u_1\,\cdots\,u_l\,u_{l+1}$ $(l \geqslant 0)$，

$$h(\xi) = \begin{cases} h(u_0\,u_1\,\cdots\,u_l)+1, & \text{若 } u_l\,R\,u_{l+1} \text{ 成立;} \\ h(u_0\,u_1\,\cdots\,u_l)-1, & \text{否则 (即仅 } u_{l+1}\,R\,u_l \text{ 成立)。} \end{cases}$$

以后称 $h(\xi)$ 为 ξ 的**高度**。

显而易见的是，有向路的高度即是其长度。最后，引进本书通用的一个记号。笔者将使用

$$\varphi(u,v) \xleftrightarrow{\chi(u,v)} \psi(u,v)$$

表示命题 “$\varphi(u,v)$，当且仅当 $\psi(u,v)$” 对指定框架中满足条件 $\chi(u,v)$ 的所有点 u、v 都成立。

第二章

塔斯基定理及其后续

本章前三节首先概述塔斯基定理及其三个后续理论：塔斯基的语言层次论、克里普克的归纳构造理论和赫茨伯格、古普塔等的修正理论，目的是澄清这三个理论发展的基本脉络，为最后一节提出相对化 T-模式及勾勒其后果做好思想和技术上的准备。本章最后一节的内容取自熊明 (2013) 的文章。

§2.1 塔斯基定理

塔斯基关于真及真理论悖论的理论大体上有三个方面：逻辑语义学、塔斯基定理及语言层次论。这就是人们常说的“语义真理论”，它“大概是迄今最有影响最广为接受的真理论”(Haack, 1978: 99; Kremer, 2000: 217)。这一理论出现在塔斯基 1933 年发表的长篇论文 (Tarski, 1936) 中，这篇论文因此被公认为是形式真理论的奠基之作。之后，塔斯基又著文《真之语义学概念与语义学基础》(Tarski, 1999), 对其真理论作了进一步的阐述。

本节简要介绍塔斯基真理论的三个方面, 重在揭示塔斯基定理证明的实质。

2.1.1 带 T 谓词的形式算术语言

作为真理论的一个共同基础, 我们取定一个一阶语言, 它含有以下**初始符号**:

(1) **逻辑符号**:

(a) 可数无穷多个**变元**: v_0、v_1、$\cdots$、v_n、$\cdots$ $n \in \mathbb{N}$;

(b) **联结词**: $\neg$、$\vee$、$\wedge$、$\rightarrow$;

(c) **量词**: **全称量词** $\forall$、**特称量词** $\exists$;

(d) **等词符**: $\equiv$;

(2) **非逻辑符号**: **常元 0** 和 **1**、一元**谓词符** T、二元**函数符** $+$、$\cdot$。

(3) **辅助符**: 括弧) 和 (及引用符 ⌝ 和 ⌜。

在以上符号中, T 可称为是**真谓词符**, 因为其预想的解释是真谓词。注意, 若去掉谓词符 T, 则可得到标准的形式算术语言。从这点来看, 上述语言可看作是带谓词符 T 的形式算术语言。以后标准的算术语言记为 $\mathfrak{L}$, 而上一语言则记为 $\mathfrak{L}^+$。注意, $\mathfrak{L}^+$ 实则为 $\mathfrak{L}$ 中添加一元谓词符 T "膨胀" 得到的语言, 一般记为 $\mathfrak{L}^+ = \langle \mathfrak{L}, T \rangle$。

项按以下形成规则递归生成:

(1) 常元和变元是项;

(2) 若 s、t 是项, 则 $+st$、$\cdot st$ 都是项;

(3) 只有按照以上规则形成的符号串才是项。

公式按以下形成规则递归生成 (同时还规定了其中自由变元):

(1) 若 s、t 是项, 则 $T(s)$、$(s \equiv t)$ 都是公式且其自由变元就是所有在其中出现的变元;

(2) 若 A 是公式, 则 $\neg A$ 也是公式且其自由变元恰好是 A 中的自由变元;

(3) 若 A、B 是公式，则 $(A\wedge B)$、$(A\vee B)$、$(A\to B)$ 也都是公式且其自由变元恰好是 A 和 B 中自由变元的并；

(4) 若 A 是公式，x 是变元，则 $\forall xA$、$\exists xA$ 也都是公式且其自由变元除 x 外与 A 中的自由变元相同；

(5) 只有按照以上规则形成的符号串才是公式。

不含变元的项称为闭项，不含自由变元的公式称为闭公式或语句。以后用 $A(x_1,x_2,\cdots,x_k)$ 表示 A 中出现的自由变元包含在 x_1，x_2，$\cdots$，x_k 中，并用 $A(t_1/x_1,t_2/x_2,\cdots,t_k/x_k)$ 表示在 A 中用项 t_1，t_2，$\cdots$，t_k 分别代入到 A 中变元 x_1，x_2，$\cdots$，x_k 所得的公式，在不引起混淆的时候，所得公式又可记为 $A(t_1,t_2,\cdots,t_k)$。此外，用 $A\in\mathfrak{L}^+$ 表示 A 是 $\mathfrak{L}^+$ 中的语句，类似的记法可类推到其他语言上。

为了在语言 $\mathfrak{L}^+$ 中构造出自指语句，我们先把其中的句法对象用自然数进行编号。首先，对 $\mathfrak{L}^+$ 中的每个初始符号 θ 编码，如表 2-1 所示，其中的 $\ulcorner\theta\urcorner$ 就是符号 θ 的编码。

表 2-1 初始符号的哥德尔编码

θ	(	)	$\ulcorner$	$\urcorner$	T	$\neg$	$\vee$	$\wedge$	$\to$	$\forall$	$\exists$	$\equiv$	$+$	$\cdot$	$\mathbf{0}$	$\mathbf{1}$	v_i
$\ulcorner\theta\urcorner$	3	5	7	9	11	13	15	17	19	21	23	29	31	37	0	1	2^{i+1}

其次，对符号串则可编码如下：设符号串 ξ 从左到右依次出现的初始符号是 ξ_1，ξ_2，$\ldots$，ξ_n，则 ξ 的编码如下：

$$p_1^{\ulcorner\xi_1\urcorner}\cdot p_2^{\ulcorner\xi_2\urcorner}\cdot\ldots\cdot p_n^{\ulcorner\xi_n\urcorner},$$

其中 p_n 表示第 n 个素数，例如，$p_1=2$，$p_2=3$，$p_3=5$，等等。上一编码数记为 $\ulcorner\xi\urcorner$。特别地，$\mathfrak{L}^+$ 中每个公式 A 都被配以一个编码 $\ulcorner A\urcorner$。

注意，每个符合串的编号都是可“能行”地计算出来的，即不但可以按照一定的“程序”求出符合串的编号，而且还可以按照一定的“程序”反求出与某个编号对应的符合串。这种编号的方法通常称为**哥德尔编码**或**哥德尔配数**。为简便起见，以后约定$\ulcorner A \urcorner$既表示 A 的哥德尔编码，又表示这个哥德尔编码对应的数字。注意，前者是一个自然数，而后者则是 $\mathfrak{L}^+$ 中的一个闭项。$\ulcorner A \urcorner$具体表示什么，实际上可以通过上下文判断出来。

有了哥德尔编码，就可把关于 $\mathfrak{L}^+$ 句法的命题转化为关于自然数的命题，这种转化就是句法的**算术化**。例如，用 $\mathrm{sent}(\mathfrak{L}^+)$ 表示 $\mathfrak{L}^+$ 中全体闭式构成的集合，相应地，闭式的编码数构成的集合可表示为$\ulcorner \mathrm{sent}(\mathfrak{L}^+) \urcorner$。于是，命题“符号串 A 是闭式”可转化为自然数命题“自然数$\ulcorner A \urcorner$属于集合$\ulcorner \mathrm{sent}(\mathfrak{L}^+) \urcorner$”。借此可定义关于自然数的属性 sent 如下：$\mathrm{sent}(n)$ 成立，当且仅当 n 属于集合$\ulcorner \mathrm{sent}(\mathfrak{L}^+) \urcorner$。$\mathrm{sent}(n)$ 表示 n 是某个闭式的编码这样一种（自然数的）属性。因而，命题“符号串 A 是闭式”对应于自然数命题 $\mathrm{sent}(\ulcorner A \urcorner)$。

现引进关于自然数的一个二元关系 d 如下：对任意自然数 n, m，$d(n, m)$ 成立，当且仅当 n 是某个以 v_1 作为唯一自由变元的公式 $A(v_1)$ 的编码，而 m 是闭式 $A(\boldsymbol{n})$ 的编码。

哥德尔编码的机械可计算性决定了这个关系是机械可判定的。

引理 2.1.1　关系 d 成立与否是**能行可判定的**，即存在一个“程序”，使得不论“输入”什么样的自然数 n、m，都能根据这个程序判定 $d(n, m)$ 是否成立。

证明思想是找到符合要求的“程序”，如下：对输入 n、m 进行素因子分解，反解出 n、m 所对应的句法对象，再用两个“子程序”分别判定 n 所对应的句法对象是不是一个公式 $A(x)$，m 所对应的句法对象是不是 $A(\boldsymbol{n})$。这里所说的“程序”可用递归函数进行规定，具体过程较长，此处略去。

以上所述主要是关于 $\mathfrak{L}^+$ 的句法，下面转入其语义。众所周知，形式算术语言 $\mathfrak{L}$ 的标准模型是自然数结构 $\mathfrak{N} = \langle \mathbb{N}, +, \cdot, 0, 1 \rangle$，其中，$+$（加法运算）是函数符 $+$ 的解释，$\cdot$（乘法运算）是函数符 $\cdot$ 的解释，自然数 0、1 分别是常元 $\mathbf{0}$、$\mathbf{1}$ 的解释。不妨把 $\mathfrak{N}$ 称为 $\mathfrak{L}^+$ 的**底模型**或**基模型**。带 T 谓词的形式算术语言的模型由此底模型外加 T 的解释构成。具体而言，任给 $\mathbb{N}$ 的一个子集 X，则称 $\mathfrak{M} = \langle \mathfrak{N}, X \rangle$ 是 $\mathfrak{L}^+$ 的一个**模型**，并称 X 为 T 在模型 $\mathfrak{M}$ 中的**外延**。

在考虑句法对象的语义时，我们特别关注的句法对象是闭项和语句。

定义 2.1.1 对闭项 t 规定 $t^{\mathfrak{N}}$ 如下：

(1) $\mathbf{0}^{\mathfrak{N}}=0$，$\mathbf{1}^{\mathfrak{N}}=1$。

(2) 当 t 为 $+t_1t_2$ 时，$t^{\mathfrak{N}}=t_1^{\mathfrak{N}}+t_2^{\mathfrak{N}}$；当 t 为 $\cdot t_1t_2$ 时，$t^{\mathfrak{N}}=t_1^{\mathfrak{N}}\cdot t_2^{\mathfrak{N}}$。

在上述解释下，项 $\mathbf{++011}$、$\mathbf{+++0111}$ 等恰好对应自然数 2、3 等，仿照 $\mathbf{0}$、$\mathbf{1}$ 的记法，不妨把这些项依次记为 $\mathbf{2}$、$\mathbf{3}$，如此等等，并把所有这样的项（包括 $\mathbf{0}$、$\mathbf{1}$）称为对应于自然数的**数字**。

定义 2.1.2 给定 $\mathfrak{L}^+$ 的一个模型 $\mathfrak{M}=\langle\mathfrak{N},X\rangle$，对任意语句 C 规定，**C 在模型 $\mathfrak{M}$ 中为真**（记号：$\mathfrak{M}\models C$，又简记为 $X\models C$）如下：

(1) 若 C 为形如 $T(t)$ 的语句时，$X\models C$，当且仅当 $t^{\mathfrak{N}}\in X$；若 C 为形如 $t_1\equiv t_n$ 的语句时，$X\models C$，当且仅当 $t_1^{\mathfrak{N}}=t_2^{\mathfrak{N}}$。这里提到的两种语句统称为**原子语句**。

(2) 若 C 为 $\neg A$，则 $X\models C$，当且仅当 $X\not\models A$。

(3) 若 C 为 $(A\vee B)$，则 $X\models C$，当且仅当 $X\models A$ 或 $X\models B$。

(4) 若 C 为 $(A\wedge B)$，则 $X\models C$，当且仅当 $X\models A$ 且 $X\models B$。

(5) 若 C 为 $(A\to B)$，则 $X\models C$，当且仅当 $X\not\models A$ 或 $X\models B$。

(6) 若 C 为 $\exists xA$，则 $X\models C$，当且仅当存在 $n\in\mathbb{N}$，使得 $X\models A(\boldsymbol{n}/x)$。

(7) 若 C 为 $\forall xA$，则 $X\models C$，当且仅当任意 $n\in\mathbb{N}$，都有 $X\models A(\boldsymbol{n}/x)$。

其中，$X\not\models C$ 表示 $X\models C$ 不成立，即语句在模型 $\mathfrak{M}$ 中为假，又可记为 $X\mid\!\models C$。

以上规定唯一需要解释的是关于谓词 T 的那条。为简便起见，先约定：$T(\ulcorner A\urcorner)$ 一律简记作 $T\ulcorner A\urcorner$。给定模型 $\mathfrak{M}=\langle\mathfrak{N},X\rangle$，其中分量 X 作为 T 的外延，它表示的是预先被设想为真的语句的哥德尔编码构成的集合。这样，$X\models T\ulcorner A\urcorner$，当且仅当 $\ulcorner A\urcorner\in X$ 所表示的其实是：A 被断言为真，当且仅当 A 在预先被断言为真的语句集中。

按通常说法，以上定义常被称为是根据**经典真值**模式进行规定的，其基本特征就是二值性（只有真假二值）、排中性（或真或假）、互斥性（非既真又假）。有时也用符号 τ 表示这种模式，因而，在以上定义中，可在 $\models$、$\Vdash$ 右上角标示 τ 以强调表明这种模式，即采用记号 $X \models^{\tau} C$、$X \Vdash^{\tau} C$ 等。

还需要指出的是，在定义 2.1.2 中，去掉关于真谓词符那条，并把形如 $X \models A$ 的式子替换为 $\mathfrak{N} \models A$，则可对 $\mathfrak{L}$ 中的所有语句 C——$\mathfrak{L}^{+}$ 中那些不含真谓词符的语句，规定 $\mathfrak{N} \models C$ 及其对偶 $\mathfrak{N} \Vdash C$。一个明显的事实是：对 $\mathfrak{L}$ 中的任意语句 C，$\mathfrak{N} \models C$，当且仅当任意（等价地，存在）$X \subseteq \mathbb{N}$，$X \models C$。

前面通过算术化把关于句法的命题转化为关于自然数的命题，下面给出一个概念，通过它可以把关于自然数的命题提升回形式语言 $\mathfrak{L}^{+}$ 中。①

定义 2.1.3　称自然数上的 k 元关系 R 由 $\mathfrak{L}$ 中的公式 $A(x_1, x_2, \cdots, x_k)$ **算术定义**，若对任意自然数 n_1、n_2、$\cdots$、n_k，

$$R(n_1, n_2, \cdots, n_k) \iff \mathfrak{N} \models A(\boldsymbol{n_1}, \boldsymbol{n_2}, \cdots, \boldsymbol{n_k})。$$

当存在一个公式算术定义关系 R 时，称 R 是**算术可定义的**。特别地，对于集合 $Y \subseteq \mathbb{N}$，如果关系 $n \in Y$ 是算术可定义的，那么称 Y 是算术可定义的。

引理 2.1.2　所有能行可判定的关系都是算术可定义的。特别地，d 是算术可定义的关系。

因塔斯基定理证明只用到结论本身，故而引理的证明略去。值得强调的是，引理 2.1.2 中，用来定义能行可判定关系的公式位于 $\mathfrak{L}$ 中，这是定义 2.1.3 中对公式 $A(x_1, x_2, \ldots, x_k)$ 的要求。以下，表示关系 $d(x, y)$ 的公式记为 $D(x, y)$，表示关系 $\mathrm{sent}(x)$ 的公式记为 $\mathrm{Sent}(x)$。

2.1.2　塔斯基定理与语言层次理论

先陈述并证明塔斯基定理：

定理 2.1.1（$\mathfrak{L}^{+}$ 中的塔斯基定理）　不存在 $X \subseteq \mathbb{N}$，使得 $X = \{\ulcorner A \urcorner \mid X \models A\}$。

① 正是通过这样的技巧，我们可把上述定义中各个"元条件"形式化在对象语言中，具体细节可参考 (McGee, 1991: 69)。

证明

取公式 $B(v_1) = \forall v_2\,(D(v_1, v_2) \to \neg T(v_2))$。设其哥德尔编码为 m，考虑语句 $B(\boldsymbol{m})$，令之为 L。则对任意 $X \subseteq \mathbb{N}$，$X \models L$ 当且仅当对任意 $n \in \mathbb{N}$，$X \models D(\boldsymbol{m}, \boldsymbol{n})$ 蕴涵 $X \models \neg T(\boldsymbol{n})$。因 D 由 d 算术定义，故而 $X \models L$ 当且仅当对任意 $n \in \mathbb{N}$，$d(m, n)$ 蕴涵 $X \not\models T(\boldsymbol{n})$。但 $d(m, n)$ 成立当且仅当 $n = \ulcorner L \urcorner$。因此，可得 $X \models L$，当且仅当 $X \not\models T\ulcorner L \urcorner$。现假设有 $X \subseteq \mathbb{N}$，使得 $X = \{\ulcorner A \urcorner \mid X \models A\}$。则立即得到：$\ulcorner L \urcorner \in X$ 当且仅当 $\ulcorner L \urcorner \notin X$，这是不可能的。

为了能对塔斯基定理进行正确的解读，我们必须了解塔斯基关于真理论的一些构想。塔斯基的真理论始于他对以往真理论的不满，从《形式化语言中的真概念》一文开始，塔斯基就表达了这种不满："虽然在日常语言中词项'真语句'的意义似乎是非常清楚且容易理解的，但是迄今为止所有对这一意义进行更精确定义的尝试都是毫无结果的，有许多研究工作，其中应用到了这个词项并且还以一些显然成立的前提出发，但却经常导致悖论和悖谬（对于它们，多多少少令人满意的解决已经被发现）。"（Tarski, 1936: 152）因而，塔斯基希冀对（一个特定语言）"构造实质充分形式正确的'真语句'词项的定义"，建立起真概念的严格定义。

所谓"形式正确"，就是要求"对在其中给出 [真之] 定义的语言作出描述"，明确为定义真概念需要哪些语词或概念，并明确与这个定义相一致的形式规则。具体而言，这是要求语言必须具备良好的形式结构，以便这种结构能够被"恰当地表述出来"，例如，语言中哪些符号是"不需要定义的（初始的）项"，哪些符号可通过"定义规则"被引入，哪些表达式可作为"语句"，等等，都必须要"毫不含糊地描述出来"。简而言之，为定义真而设定的语言必须是形式语言（Tarski, 1999: 116-117）。

而"实质充分"条件则是要求"准确地刻画 [真] 这个概念，以足以使每个人都能判定 [真] 这个定义确实实现既定目标为度" (Tarski, 1999: 116)①。基于

① 顺便说一句，"实质充分"中的"充分"一词按照塔斯基的原词"trafny"（对应的英文为 accurate)，应翻译为"准确"，参见 (Hodges, 2006)。

亚里士多德对真的如下观点:"把是说成不是,把不是说成是,这是假;把是说成是,把不是说成不是,这是真",塔斯基提出了有名的"T-模式":

$$X \text{ 是真的,当且仅当 } A,$$

其中,A 可"由语词'真'所指涉的语言中的任何语句来进行代替",而 X 则由相应的语句"名称"来代替。真之定义的"实质充分"条件就是:T-模式对语言中的所有语句 A 都成立 (Tarski, 1999: 119-120; 1936: 155-156)。注意,T-模式又被塔斯基称为"T-型等式"(equivalence of the form (T)),人们有时又把"T-模式"称为"塔斯基等值式"(Tarski biconditionals),本书采用"T-模式"的说法。为简明起见,人们常常把 T-模式写成:

$$\ulcorner A \urcorner \text{ 是真的,当且仅当 } A,$$

其中 $\ulcorner A \urcorner$ 代表 A 的名称,也可写作"A"。这其实是本书提到的模式 (T)。

需要强调的是,对于真理论的两个条件,"形式正确"可看作是逻辑上的要求,其本质在于要求真理论本身如公理化数学体系那样是可形式化的,而"实质充分"条件则基于亚里士多德的真概念并且其源泉是人们关于真的"直觉",即"真概念的共识和日常用法"。在这个意义上,塔斯基 T-模式是我们直觉上被迫接受的,其地位相当于一条不证自明的公理模式。

根据以上分析,又考虑到 $\mathfrak{L}^+$ 的模型中的分量 X 是谓词符 T 的外延,我们作如下规定。

定义 2.1.4 给定 $\mathbb{N}$ 的一个子集 X,称 X 是 T 相对于 $\mathfrak{L}^+$(分别地,$\mathfrak{L}$)的一个**真谓词解释**,如果对 $\mathfrak{L}^+$(分别地,$\mathfrak{L}$)中任何语句 A,都有

$$X \models T\ulcorner A \urcorner \iff X \models A。$$

此时,又称 T 被解释为 $\mathfrak{L}^+$(分别地,$\mathfrak{L}$)的真谓词 X。

按照定义 2.1.4,注意到 $X \models T\ulcorner A \urcorner$ 成立的充要条件是 $\ulcorner A \urcorner \in X$,可以看出塔斯基定理所说的正是:$\mathbb{N}$ 的任何子集都不可能是 T 相对于 $\mathfrak{L}^+$ 的真谓词解释。而其证明的本质是使用归谬法:假使 T 被解释为 $\mathfrak{L}^+$ 的真谓词,则必然导致矛盾。在上述证明中,矛盾的产生恰恰是在 $\mathfrak{L}^+$ 中重构说谎者悖论。事实上,

上面证明中的语句 L 满足：$X \models L$，当且仅当 $X \not\models T\ulcorner L\urcorner$。这相当于 L 声明它自己为假，因而 L 正是说谎者语句在 $\mathfrak{L}^+$ 中的形式对应物。只不过 L 断定自己为假不是“先天”的，而是 T 的真谓词解释的逻辑后果。

塔斯基在分析其定理证明时，进一步指出产生悖论矛盾深层次的原因在于假设了语言的“语义封闭性”。粗略地说，一个语言是语义封闭的，指的是它“含有指称同一语言的语句的词项‘真的’”（Tarski, 1999: 122, 124）。在上面的证明中，当假设满足 $X = \{\ulcorner A\urcorner \mid X \models A\}$ 的 X 存在时，我们迫使 T 被解释为“指称同一语言的语句的词项‘真的’”，而它恰恰出现在 $\mathfrak{L}^+$ 中！退一步讲，即使语言中不含有 T 这样的其预想解释为真谓词的符号，只要其中含有类似的被解释为真谓词的“词项”，这个语言也必然会重演说谎者悖论。比如，$\mathfrak{L}$ 不含有符号 T，但假使 $\mathfrak{L}$ 如 $\mathfrak{L}^+$ 那样满足语义封闭性，那么同样会在 $\mathfrak{L}$ 中重蹈说谎者悖论的矛盾。

定理 2.1.2($\mathfrak{L}$ 中的塔斯基定理)　在 $\mathfrak{L}$ 中不可能存在公式 $C(x)$，使得对 $\mathfrak{L}$ 中任何语句 A，都有

$$\mathfrak{N} \models C\,\ulcorner A\urcorner \iff \mathfrak{N} \models A。$$

在定理 2.1.1 的证明中，把 $T(\cdots)$ 相应替换为 $C(\cdots)$ 即得定理 2.1.2 的证明，不再赘述。类似于定理 2.1.1，定理 2.1.2 说的是在 $\mathfrak{L}$ 中没有一个公式 $C(x)$ 能扮演 $\mathfrak{L}$ 自身真谓词的角色。在这个意义上，可以说算术真超越了算术语言，无法在这个语言中被定义。塔斯基定理因此被称为是算术真之不可定义性定理。

我们看到 T 相对于 $\mathfrak{L}^+$ 的真谓词解释是不存在的，$\mathfrak{L}$ 中也不会存在公式 $C(x)$，使得它被解释为 $\mathfrak{L}$ 自身的真谓词。按照塔斯基的观点，这种真谓词解释的不存在性是因为其存在性本身预设了语言的语义封闭性。就此，塔斯基进而认为如要想对一个语言的真谓词进行规定，就必须突破这个语言，在比这个语言更丰富的“元语言”中对前一语言的真谓词作出定义。

作为例子，考虑这样一个问题：是否存在 $X \subseteq \mathbb{N}$，使得它恰好可解释为

$T(x)$ 相对于 $\mathfrak{L}$ 的真谓词? 回答是肯定的。考虑 $\mathfrak{L}$ 中在标准模型 $\mathfrak{N}$ 中为真的语句全体, 即语句集

$$\mathbf{PA} = \{A \mid \mathfrak{N} \models A \text{ 且 } A \text{ 不含真谓词符}\},$$

令 $X = \{\ulcorner A \urcorner \mid A \in \mathbf{PA}\}$, 则对任何 $A \in \mathbf{PA}$, 注意到 $X \models A$, 当且仅当 $\mathfrak{N} \models A$, 我们有: $X \models T\ulcorner A \urcorner$, 当且仅当 $X \models A$。这表明 X 就是 T 相对于 $\mathfrak{L}$ 的真谓词解释。

因此, 用来指称一个语言中语句为真的谓词符只要不包括在该语言中, 就可以把它解释为该语言的真谓词。这样, 虽然不可能在一个语言内部规定它自身的真谓词, 但是完全可以在一个语言内对它的一个子语言规定后者的真谓词。上面正是在语言 $\mathfrak{L}^+$ 中规定了 $\mathfrak{L}$ 的真谓词解释, 在这个意义上, 可以认为 $\mathfrak{L}^+$ 是 $\mathfrak{L}$ 的元语言。

当然, 上面在 $\mathfrak{L}^+$ 中规定了 $\mathfrak{L}$ 的真谓词, 通过添加一个新的真谓词符扩充语言 $\mathfrak{L}^+$, 同样可以在扩充后的语言中规定 $\mathfrak{L}^+$ 的真谓词, 而扩充后的语言可看作是 $\mathfrak{L}^+$ 的元语言或 $\mathfrak{L}$ 的元元语言。把这个过程迭代下去, 就得到了一语言序列, 使得在这序列中的每一语言中都可定义前一语言的真谓词。

具体说来, 规定 $\mathfrak{L}_0 = \mathfrak{L}$, $T_1 = T$, 对任意 $n \in \mathbb{N}$, 令 T_{n+1} 是不出现在 $\mathfrak{L}_n$ 中的一元谓词符号, 再令 $\mathfrak{L}_{n+1} = \langle \mathfrak{L}_n, T_{n+1} \rangle$, 即 $\mathfrak{L}_n$ 中添加 T_{n+1} 膨胀后的语言。注意, $\mathfrak{L}_1$ 就是语言 $\mathfrak{L}^+$。类似于 $\mathfrak{L}^+$ 模型的规定, 给定 n 个自然数的集合 $X_1, \cdots, X_n$, 可相应规定 $\mathfrak{L}_n$ 的一个模型 $\langle \mathfrak{N}, X_1, \cdots, X_n \rangle$, 其中 $X_1, \cdots, X_n$ 分别是在 $T_1, \cdots, T_n$ 这个模型中的外延。对任意 $n \geqslant 0$, $\mathfrak{L}_{n+1}$ 可称为是 $\mathfrak{L}_n$ 的**元语言** (反过来, $\mathfrak{L}_n$ 可称为是 $\mathfrak{L}_{n+1}$ 的**对象语言**), 是 $\mathfrak{L}_{n-1}$ 的**元元语言**, 如此等等。之所以称 $\mathfrak{L}_{n+1}$ 是 $\mathfrak{L}_n$ 的元语言, 是因为在前者中可以规定后者的真谓词。

命题 2.1.1 对任意自然数 n, 存在 $X \subseteq \mathbb{N}$, 使得它是 T_{n+1} 相对于 $\mathfrak{L}_n$ 的真谓词。

证明

首先，令 $\mathbf{PA}_0 = \mathbf{PA}$，$X_1 = \{\ulcorner A \urcorner \mid A \in \mathbf{PA}_0\}$，对任意 $n \geqslant 1$，归纳定义 $\mathbf{PA}_n$ 和 X_{n+1} 如下：

$$\begin{aligned}\mathbf{PA}_n &= \{A \in \mathfrak{L}_n \mid \langle \mathfrak{N}, X_1, \cdots, X_n \rangle \models A\}, \\ X_{n+1} &= \{\ulcorner A \urcorner \mid A \in \mathbf{PA}_n\}。\end{aligned}$$

下面证明 X_{n+1} 是 T_{n+1} 相对于 $\mathfrak{L}_n$ 的真谓词。事实上，任取 $A \in \mathfrak{L}_n$，注意到：$X_{n+1} \models T_{n+1}\ulcorner A \urcorner$，当且仅当 $\ulcorner A \urcorner \in X_{n+1}$，由 X_{n+1} 和 $\mathbf{PA}_n$ 的定义，这相当于 $\langle \mathfrak{N}, X_1, \cdots, X_n \rangle \models A$。因 A 中不出现符号 T_{n+1}，所以，后式又等价于 $\langle \mathfrak{N}, X_1, \cdots, X_n, X_{n+1} \rangle \models A$。这就证明了 X_{n+1} 的确是 T_{n+1} 相对于 $\mathfrak{L}_n$ 的真谓词。 ■

塔斯基定理证明了不可能在一个语言内规定其自身的真谓词，但上一结果表明，可在这个语言的元语言中规定其真谓词。如上所述，语言依照丰富程度形成一个上升的“语言层次”（hierarchy of language）：$\mathfrak{L}_0$、$\mathfrak{L}_1$、$\mathfrak{L}_2$ 等，以至于无穷。在这个语言层次中，除算术语言 $\mathfrak{L}_0$ 外，其余的语言 $\mathfrak{L}_{n+1}$ 中都可定义出上一层次语言中的真谓词 T_{n+1} $(n \geqslant 0)$。简言之，只要形式语言严格地遵循其层次性，那么完全可以在高一级层次的语言内部规定出低一级层次语言中的真概念。为了定义语言中的真概念，语言乃至真概念都被分出很多层次，这就是塔斯基语言层次理论中的核心。

塔斯基语言层次理论对语言中导致悖论矛盾这一现象给出了一个诊断。按塔斯基的观点，自然语言中之所以会出现说谎者这样的悖论，就是因为自然语言中的真概念不是分层次的，而恰恰是适合于它自身的一个封闭概念，这种封闭性如塔斯基定理的证明所示，正是导致悖论矛盾的根源。但是，如果严格地遵循语言的层次性，那么完全可以杜绝悖论矛盾出现在语言中。

实际上，按照语言层次的观点，对对象语言中语句的真值作出断定的任何语句都不再属于对象语言本身。例如，语句“$m + n = n + m$”可在语言 $\mathfrak{L}$ 中表达出来，但要表达命题“‘$m + n = n + m$’是真的”，就必须借助语言 $\mathfrak{L}^+$，而

不是 $\mathfrak{L}$。这样做的一个后果是，对于诸如说谎者语句、佐丹卡片语句这样的悖论语句，它们都不再导致矛盾，而是类似于正常语句那样可谈论其真假。

比如，在定理 2.1.1 的证明中的语句 L，它本身位于 $\mathfrak{L}^+$ 中，但按照语言层次论，这个语句中出现的谓词符 T 只能应用于 $\mathfrak{L}^+$ 的对象语言 $\mathfrak{L}$，即 T-模式 $X \models T\ulcorner A\urcorner \iff X \models A$ 只对 $\mathfrak{L}$ 中的语句成立，对 L 并不成立。因而，它虽然仍对 $\mathbb{N}$ 的任何子集 X 满足：$X \not\models T\ulcorner L\urcorner \iff X \models L$，但是这并不会导致任何矛盾。事实上，因为 $\ulcorner L\urcorner \notin X$ ，有 $X \not\models T\ulcorner L\urcorner$ 及 $X \models L$。此时，L 在 $\mathfrak{L}$ 中为真，而在 $\mathfrak{L}^+$ 中被断言为假。① 我们看到，通过语言的分层，的确可以在语言中谈论那些悖论语句的真值而不至于导致矛盾。这便是塔斯基运用层次的观点对悖论给出的解决方案。

§2.2 归纳构造理论

克里普克的真理论发表于他的论文“真理论概要”（1975 年），因其一般性地建立了真谓词的一种归纳构造过程，使得形式语言能够容纳它自身的真谓词，故而这一理论得名“归纳构造理论”。同一时间，马丁和伍卓夫也独立于克里普克建立了相同的结果，只不过他们对真谓词的界定是非构造性的（使用了与选择公理等价的佐恩引理）。克里普克的理论被认为是自塔斯基语言层次理论之后最具“开辟性”的一个真理论，催生出了诸多的新理论，直接导致了真理论研究的滥觞（Beall, 2007: 330; Sheard, 1994: 1032。）

本节概述克里普克的归纳构造理论的两个主要方面：其一，真值空缺赋值模式确保跳跃算子的单调性；其二，跳跃算子的单调性是保证不动点存在的关键条件，而不动点的出现则表明形式语言可以含有其自身的真谓词。

① 说谎者语句可看作是“语句 (1.1) 在对象语言中为假（中文很难表达清楚，请看英文：Sentence (1.1) is false-in-the-object-language）”，因此，说谎者语句属于元语言，而且“不过是假的，而不是悖论的”(Haack, 1978: 144)。

2.2.1 真值空缺和跳跃算子

塔斯基语言层次的思想通常被认为是不自然的，也不符合我们的直觉。如克里普克指出，这种层次观“似乎是与事实相违背的”。他通过考查一个类似于佐丹卡片语句的语句对，展示了这种层次的指定对相互指称对方真假的语句对是“不可能对两者都奏效”（Kripke, 1975: 59-60）的。而且，塔斯基层次还存在一个问题，即当我们试图陈述“各有穷层次语言中的语句都为真”这样的语句时，显然需要求助于“在所有有穷层次之上的具有超穷层次的元语言”，但如何定义这种超穷层次的语言是一个“从来没有认真研究过的实质性的技术困难”（Kripke, 1975: 61）。

克里普克希望通过建立一种新的真理论，不但能够把握关于真概念的一些重要直觉，而且还要进入到“一个在形式结构和数学性质上都足够丰富的领域”，“至少丰富到这样的程度：[在一个语言中]，既能谈论它自身的基本句法，又含有它自身的真谓词”[①]（Kripke, 1975: 63, 62）。这里，在对真概念进行定义这一问题上，克里普克实际主张保留塔斯基所说的“语义封闭性”，把真谓词纳入到所使用的形式语言之中。根据塔斯基定理，这必须以放弃语义经典性作为代价。正是在这里，克里普克使用了“允许真值空缺”出现的非经典真值模式。

克里普克提到的非经典真值模式有三种：克林（S. C. Kleene）的**强三值**模式（记号：κ）和**弱三值**模式（记号：μ），以及范 · 弗拉森（B. C. van Fraassen）的**超赋值**模式（记号：σ），同时还提到不论何种真值模式，只要能够保持特定算子（下面将给出的“跳跃算子”）的“单调性”，都可用于定义形式语言中的真谓词 (Kripke, 1975: 64, 76-77)。[②] 实际上，克里普克的思想甚至可以推广到四值模式（Fitting, 2006: 53-78）。在克里普克的论文中，主要使用的是克林的

---

① 中括号内的内容原文中并没有，是翻译时为了便于理解而加上去的。

② 注意，克林的弱三值模式在克里普克的论文中被称为是“弗雷格的弱三值逻辑”，克里普克同一时间发表的论文 (Martin and Woodruff, 1975)，正是采用了克林的弱三值模式来定义形式语言中的真谓词。

强三值模式，下面将以这个模式为例阐述克里普克是如何在形式语言中定义自身的真谓词的。

本节的讨论仍然基于语言 $\mathfrak{L}^+$，所有的句法方面的规定都与先前相同，在语义方面，$\mathfrak{L}^+$ 的底模型如先前仍是自然数结构 $\mathfrak{N}$，但为了适应三值赋值模式，必须对真谓词符 T 作出新的解释。

定义 2.2.1 给定 $\mathbb{N}$ 的两个子集 X^+、X^-，如果它们相交为空，即 $X^+ \cap X^- = \varnothing$，那么把二元组 $X = \langle X^+, X^- \rangle$ 称为是 T 的一次**试验性的解释**，简称为**试验**。这里，X^+ 和 X^- 将作为谓词符 T 在这个模型中的**外延**和**反外延**。

直观上，可把 X 看作是对真谓词符进行的一次尝试性解释，其第一分量 X^+ 包含的是被断定为真的语句（哥德尔编码），而第二分量 X^- 包含的是被断定为假的语句（哥德尔编码）。在文献中，试验常被称为“偏谓词”（Barba, 1998: 400）。

对试验可按其分量进行集合运算和集合关系的比较。例如，对试验 X、Y，它们的并 $X \cup Y$ 指的是 $\langle X^+ \cup Y^+, X^- \cup Y^- \rangle$。$X \subseteq Y$ 指的是 $X^+ \subseteq Y^+$，并且 $X^- \subseteq Y^-$。同类概念的类似规定，不再一一指明。注意，$\langle \varnothing, \varnothing \rangle$ 必定是试验，可称之为**空试验**。以下关于试验的事实是简单的，其证略去。

引理 2.2.1 试验的链的并仍然是试验，即若对指标集 Z 中的任何 i、j，都有或者 $X_i \subseteq X_j$，或者 $X_j \subseteq X_i$，则 $\bigcup_{i \in Z} X_i$ 也是试验。 ■

给定一个试验，实际相当于确定了符号 T 的一种解释，相应地可对 $\mathfrak{L}^+$ 中的语句进行真值方面的规定。有关的规定除涉及的是克林强三值模式外，定义的方式与定义 2.1.2 类似，具体如下。

定义 2.2.2 给定 T 的一个试验 $X = \langle X^+, X^- \rangle$，对任意语句 C 同时规定 $X \models C$ 和 $X \mid\models C$ 如下：

(1) 若 C 为形如 $t_1 \equiv t_n$ 的公式时，$X \models C$，当且仅当 $\mathfrak{N} \models C$。

(2) 若 C 为形如 $T(t)$ 的公式时，$X \models C$，当且仅当 $t^{\mathfrak{N}} \in X^+$；$X \mid\models C$，当且仅当 $t^{\mathfrak{N}} \in X^-$；否则，称 C 在 X 下 **没有定义**。

(3) 若 C 为 $\neg A$, 则 $X \models C$, 当且仅当 $X \mid\models A$; $X \mid\models C$, 当且仅当 $X \models A$; 否则, 称 C 在 X 下 没有定义。

(4) 若 C 为 $(A \vee B)$, 则 $X \models C$, 当且仅当 $X \models A$ 或 $X \models B$; $X \mid\models C$, 当且仅当 $X \mid\models A$ 且 $X \mid\models B$; 否则, 称 C 在 X 下 没有定义。

(5) 若 C 为 $(A \wedge B)$, 则 $X \models C$, 当且仅当 $X \models A$ 且 $X \models B$; $X \mid\models C$, 当且仅当 $X \mid\models A$ 或 $X \mid\models B$; 否则, 称 C 在 X 下 没有定义。

(6) 若 C 为 $(A \rightarrow B)$, 则 $X \models C$, 当且仅当 $X \mid\models A$ 或 $X \models B$; $X \mid\models C$, 当且仅当 $X \models A$ 且 $X \mid\models B$; 否则, 称 C 在 X 下 没有定义。

(7) 若 C 为 $\exists x A$, 则 $X \models C$, 当且仅当存在 $n \in \mathbb{N}$, 使得 $X \models A(\boldsymbol{n})$; $X \mid\models C$, 当且仅当任意 $n \in \mathbb{N}$, 都有 $X \mid\models A(\boldsymbol{n})$; 否则, 称 C 在 X 下 没有定义。

(8) 若 C 为 $\forall x A$, 则 $X \models C$, 当且仅当任意 $n \in \mathbb{N}$, 都有 $X \models A(\boldsymbol{n})$; $X \mid\models C$, 当且仅当存在 $n \in \mathbb{N}$, 使得 $X \mid\models A(\boldsymbol{n})$; 否则, 称 C 在 X 下 没有定义。当 $X \models C$ (分别地, $X \mid\models C$) 成立时, 称 C 在试验 X 下**为真** (分别地, **为假**)。当 C 在试验 X 下为真或为假时, 称 C 在 X 下 **有定义**。

注意, 在以上定义中, 如果要强调表明所用的是克林强三值模式, 可把 $X \models C$ 记为类似 $X \models^{\kappa} C$, $X \mid\models C$ 的标记。同理, 令 ν 分别为 μ (弱三值模式)、σ (超赋值模式)、τ (经典真值模式), 则可根据各个真值模式的特征, 类似地规定 $X \models^{\nu} C$ 和 $X \mid\models^{\nu} C$。例如, $X \models^{\tau} C$ 可根据定义 2.1.2 进行相应的改写即可。再强调一下, 以下除非特别声明, $X \models C$ 指的都是 $X \models^{\kappa} C$ 等。①。

直观上看, $X \models C$ 和 $X \mid\models C$ 所表示的正是 C 在 X 下分别为真、为假, 而这两个式子都不成立时, 则表示 C 在 X 下 "无定义"。在以上各条规定中, 仅条目 (1) 不涉及第三值, 其余各条都与第三值相关。在条目 (2)~(8) 中去除第三值, 则它们的表现与经典真值相应的规定无异 (比较定义 2.1.2), 即便是有第三值出现, 只要第三值的出现符合联结词符和量词符在真假两个值上的规定, 事实上仍以经典真值的规定进行赋值。这就是克林强三值模式的特征。

① 上述定义各个条件通过算术化也可形式化到语言 $\mathfrak{L}^{+}$ 中。特别地, 可把小节 2.2.2 要证明存在的极小不动点形式化到 $\mathfrak{L}^{+}$ 中, 具体可参见 (McGee, 1991: 110)。

例如，在条目 (4) 中，$A \vee B$ 型公式（在 X 下）为真，当且仅当 A、B 至少有一个为真。因此，即使 A 无定义，只要 B 为真，$A \vee B$ 也为真。当然，因为它为假，当且仅当 A、B 都要为假，所以，只当 A、B 都为无定义或有一个为无定义但另一个为假时，$A \vee B$ 才必为无定义。

下面的命题说明，在 $\mathfrak{L}^+$ 中的无真谓词符片段中，语句的真值仍然是经典的，即符合“逻辑的通常规律”。

命题 2.2.1　对 $\mathfrak{L}$ 的任何语句 A，$X \models A$，当且仅当 $\mathfrak{N} \models A$；$X \mid\models A$，当且仅当 $\mathfrak{N} \mid\models A$。

证明

使用结构归纳于公式 A，同时证明以上两个等值式即可。■

克里普克对真谓词构造的基本思想就是，从某次试验出发，利用一个被称为“跳跃算子”的运算反复迭代（通常需要迭代超穷多次），使试验逐步得到扩充，最终达到“逼近”真谓词的目的。下面先定义跳跃算子。

定义 2.2.3　在试验集上规定**跳跃算子** J 如下：对 T 的一个试验 $X = \langle X^+, X^- \rangle$，$J(X) = \langle J(X^+), J(X^-) \rangle$，其中 $J(X^+) = \{\ulcorner A \urcorner \mid X \models A\}$，$J(X^-) = \{\ulcorner A \urcorner \mid X \mid\models A\}$，这里出现的 A 都为 $\mathfrak{L}^+$ 中的语句。$J(X)$ 又称为是 X 的**跳跃**。

因跳跃算子与真值模式相关，记号 J 有时又记作 J^κ。根据定义 2.2.2 后面的说明，还可类似地规定 J^ν，其中，ν 可以是 μ、σ、τ 中任何一个。但要注意，J^τ 不再是算子，因为它对试验的作用所得不一定是试验。

下面列出跳跃算子的一些简单事实，其证明是例行的，略去。

引理 2.2.2　T 的任何试验的跳跃仍然是 T 的一个试验。■

引理 2.2.3　跳跃算子是**单调的**，即若试验 $X \subseteq Y$，则 $J(X) \subseteq J(Y)$。■

需要强调指出的是，以上两个结论是就跳跃算子 J^κ 提出的，它们事实上对 J^μ、J^σ 也都成立，但对 J^τ 不成立。这就是后面的各个不动点定理对经典真值模式不成立，但对这里提到的其他三种真值模式都成立的根本原因。

算子 J 的作用是，利用它可对已知的一个试验 X 进行反复迭代，得到一系列的新试验：$J(X)$, $J(J(X))$, $\cdots$, 如此等等。自然，我们希望这样得到的一系列试验有个终结。那么什么时候终结呢？回答显然是，如果达到试验 Y 使得 $J(Y)=Y$，那么在 Y 之后，对它的任意迭代都将保持不动。这个 Y 就是 J 的一个不动点。而这个不动点恰恰就是所欲寻求的真谓词。

定义 2.2.4 试验 Y 如果满足 $J(Y)=Y$，那么称为是 J 的一个**不动点**。试验 Y 如果满足下面两个条件：对 $\mathfrak{L}^+$ 的任何语句 A，(i) $A\in Y^+$①，当且仅当 $Y\models A$; (ii) $A\in Y^-$，当且仅当 $Y \mathrel{|}\!\models A$，那么称 Y 是 $\mathfrak{L}^+$ 在 $\mathfrak{M}$ 中的一个**真谓词**。

注意，规定真谓词的两个条件意思分别是：对任何 $\mathfrak{L}^+$ 的语句而言，A 在试验 Y 下被断定为真，当且仅当 A 在试验 Y 下为真；并且，A 在试验 Y 下被断定为假，当且仅当 A 在试验 Y 下为假。一言以蔽之，T-模式对 $\mathfrak{L}^+$ 中任何或真或假的语句都成立。此即上述真谓词定义的本质所在。另外，这两个条件也可等价地改述为

$$
\begin{aligned}
&(\mathrm{i}')\ \text{若}\ Y\models A,\text{则}\ A\in Y^+;\text{若}\ Y\mathrel{|}\!\models A,\text{则}\ A\in Y^-;\\
&(\mathrm{ii}')\ \text{若}\ A\in Y^+,\text{则}\ Y\models A;\ \text{若}\ A\in Y^-,\text{则}\ Y\mathrel{|}\!\models A。
\end{aligned}
$$

条件 (i′) 相当于说凡为真（分别地，假）的语句都被断定为真（分别地，假），此可称为真谓词的**添引号性**。而条件 (ii′) 的意思是凡被断定为真（分别地，假）的语句都为真（分别地，假），此可称为真谓词的**去引号性** (Hellman, 1985: 1068)。容易看出，$Y\subseteq J(Y)$ 相当于真谓词的去引号性，而 $J(Y)\subseteq Y$ 相当于真谓词的添引号性。如此，下面的结论就变得明显了。

引理 2.2.4 任意试验是一个真谓词，当且仅当它是跳跃算子的一个不动点。 ■

① 为简洁起见，$\ulcorner A\urcorner\in Y^+$ 可记为 $A\in Y^+$。

2.2.2 不动点定理

形式语言自身真谓词的存在性，由著名的不动点定理得到保证。这是 Kripke (1975)、Martin 和 Woodruff(1975) 在论文中获得的主要结论：克里普克就 J 为 J^{κ} 且 X 为空试验的情形进行了证明，同时指出这个结论可以推广到其他一切满足单调性的真值模式中，马丁和伍德拉夫证明了 J 为 J^{μ} 且 X 为空试验的情形。克里普克还指出，这个结论其实只不过是集合论中有关归纳定义不动点结论的一种特殊情形而已 (Kripke, 1975: 66)。①

定理 2.2.1(克里普克 (Kripke, 1975)，马丁和伍德拉夫 (Martin and Woodruff, 1975)，不动点定理) 对试验集上的任何单调跳跃算子 J，如果试验 X 是**健全的**，即 $X \subseteq J(X)$，那么 J 必存在包含 X 的不动点。特别地，空试验是健全的，因而，任何单调的跳跃算子都存在不动点。

下面将用两种方法来证明这个定理。第一种方法是非构造性的，使用了与选择公理等价的佐恩引理，这出自马丁和伍德拉夫 (Martin and Woodruff, 1975)。

证明 1

考虑集族

$$\mathscr{T} = \{Y \mid Y \text{ 是试验}, X \subseteq Y \subseteq J(Y)\},$$

下面证明它满足佐恩引理的条件，即它关于链并封闭。取集族 $\mathscr{T}$ 的链 $\{Y_i \mid i \in Z\}$，则根据引理 2.2.1，$\bigcup_{i\in Z} Y_i$ 也是包含 X 的试验。因 $Y_i \subseteq J(Y_i)$ 对所有 $i \in Z$ 都成立，故 $\bigcup_{i\in Z} X_i \subseteq \bigcup_{i\in Z} J(X_i)$。又根据 J 之单调性，有 $J(X_i) \subseteq J\left(\bigcup_{i\in Z} X_i\right)$ 对所有 $i \in Z$ 都成立，于是，$\bigcup_{i\in Z} J(X_i) \subseteq J\left(\bigcup_{i\in Z} X_i\right)$。从而，$\bigcup_{i\in Z} X_i \subseteq J\left(\bigcup_{i\in Z} X_i\right)$。故而 $\bigcup_{i\in Z} Y_i$ 属于集族 $\mathscr{T}$。

根据佐恩引理，集族 $\mathscr{T}$ 中必有一极大元，取一设为 Y，则根据 X 之健全性及 J 之单调性，知 $X \subseteq J(X) \subseteq J(Y) \subseteq J(J(Y))$，故 $J(Y)$ 属于集族 $\mathscr{T}$。又

① 有关归纳定义不动点的集合论结果及其证明可参见 (Moschovakis, 1974; 2006)。另外，(Fitting, 1986) 对不动点的一般化处理则更贴近克里普克对真谓词的分析。

因 $Y \subseteq J(Y)$，故由 Y 之极大性，知 $Y = J(Y)$，即 Y 是 J 之不动点。 ■

第二种方法是构造性的，通过超穷递归来逼近不动点，此方法来自克里普克 (Kripke, 1975: 67-69)。①

证明 2

给定 T 的一个试验 X，对任何序数 α，规定 X_α 如下：

$$X_\alpha = \begin{cases} X, & \alpha = 0; \\ J(X_\beta), & \alpha = \beta + 1; \\ \bigcup_{\beta<\alpha} X_\beta, & \alpha \text{ 为极限序数。} \end{cases}$$

下面使用超穷归纳证明：对任意序数 α，都有 $X_\alpha \subseteq X_{\alpha+1}$。$\alpha = 0$ 的情形，由 X 之健全性可得。现假设 $X_\alpha \subseteq X_{\alpha+1}$，由 J 之单调性，有 $J(X_\alpha) \subseteq J(X_{\alpha+1})$，亦即 $X_{\alpha+1} \subseteq X_{\alpha+2}$。当 α 是极限序数时，对任意 $\beta < \alpha$，由 X_α 的定义，可知 $X_\beta \subseteq X_\alpha$，此式两边用跳跃算子作用，则由 J 之单调性，有 $X_{\beta+1} \subseteq X_{\alpha+1}$。因而，$\bigcup_{\beta<\alpha} X_{\beta+1} \subseteq X_{\alpha+1}$，亦即 $X_\alpha \subseteq X_{\alpha+1}$。

下面证明一定存在两个不同的序数 α、β，使得 $X_\alpha = X_\beta$。这是因为，若非不然，则当 α 变为所有的序数时，X_α 将是一个严格递增的链，从而从序数全体到 $\mathscr{P}(\mathbb{N})$ ($\mathbb{N}$ 的幂集) 的对应 $\alpha \mapsto X_\alpha^+$ 将是一对一的，但这是不可能的，因为 $\mathscr{P}(\mathbb{N})$ 的基数必定小于某个充分大的序数。

令 γ 是最小的 α，使得存在 $\beta > \alpha$，$X_\alpha = X_\beta$ 成立。由上面所证，有 $X_\gamma \subseteq X_{\gamma+1} \subseteq X_\beta$。故而，$X_\gamma = X_{\gamma+1}$（实际上，$X_\gamma = X_\beta$ 对所有 $\beta > \gamma$ 都成立)，也就是说，X_γ 是 J 的一个不动点。 ■

在下面的陈述中，不动点皆指跳跃算子的不动点，故不必再指明跳跃算子了。

推论 2.2.1(Kripke, 1975) 如果试验 X 是健全的，那么必存在包含 X 的（J 的）极小不动点，即包含 X 的任何不动点都包含它。特别地，当 X 为空试

① 克里普克不动点存在性的证明是就起始试验 X 为空试验这一特殊情形来进行的，在这种情形下，健全性条件自然得到成立，而且这样构造出的不动点恰好是极小的。

验时，极小不动点就是最小不动点。

证明

考虑集族

$$\mathscr{T} = \{Y \mid Y \text{ 是试验, } X \subseteq Y \text{ 且 } J(Y) \subseteq Y\},$$

由不动点定理，此集族非空。令 $Y_0 = \bigcap \mathscr{T}$，则 Y_0 是包含 X 的试验。下面的证明 Y_0 就是包含 X 的极小不动点。

对任何 $Y \in \mathscr{T}$，由 J 之单调性，可知 $J(\bigcap \mathscr{T}) \subseteq J(Y) \subseteq Y$。因而，$J(\bigcap \mathscr{T}) \subseteq \bigcap \mathscr{T}$，亦即 $J(Y_0) \subseteq Y_0$。再一次使用 J 之单调性，有 $J(J(Y_0)) \subseteq J(Y_0)$。但由 X 之健全性及 J 之单调性，有 $X \subseteq J(X) \subseteq J(Y_0)$。所以，$J(Y_0)$ 属于 $\mathscr{T}$。由 Y_0 的定义，可知 $Y_0 \subseteq J(Y_0)$。综上所述，得到 $J(Y_0) = Y_0$。

最后，因包含 X 的不动点都在 $\mathscr{T}$ 中，故 Y_0 的极小性显然。 ■

推论 2.2.2(Kripke, 1975) 如果 X 是跳跃算子 J 的不动点，那么必存在包含 X 的极大不动点，即包含 X 的任何不动点都包含于它。

证明

考虑不动点定理的第一种证明中的集族 $\mathscr{T}$，因包含 X 的任何不动点都在这个集族中，故这个集族中的极大元就是包含 X 的极大不动点。 ■

克里普克利用不动点来对那些含有真谓词符的语句进行分析。作为例子，考虑下面的几个语句：

$$\begin{aligned}
A &= \forall v_2\,(D(\boldsymbol{m}, v_2) \to \neg T(v_2))\,; \\
B &= \forall v_2\,(D(\boldsymbol{n}, v_2) \to T(v_2))\,; \\
C &= \forall v_0\,(\mathrm{Sent}(v_0) \to T(v_0) \to T(v_0)); \\
D &= \exists v_0\,(\mathrm{Sent}(v_0) \to T(v_0) \wedge \neg T(v_0)); \\
E &= \forall v_0\,(\mathrm{Sent}(v_0) \to T(v_0) \vee \neg T(v_0)); \\
F &= \exists v_0\,(\mathrm{Sent}(v_0) \wedge T(v_0) \wedge \neg T(v_0)) \to \forall v_0\,(\mathrm{Sent}(v_0) \to T(v_0)).
\end{aligned}$$

其中，语句 A 的构造与定理 2.1.1 中语句 L 的构造相同，B 是仿照 A 构造出来的，其中 n 是公式 $\forall v_2\ (D(v_1, v_2) \to T(v_2))$ 的哥德尔数。因而，A、B 可以分别看作是说谎者语句、诚实者语句在 $\mathfrak{L}^+$ 中的形式对应物。另外，四个语句可以分别看作是同一律、矛盾律的否定、排中律、爆炸原理（ex falso quodlibet 或 principle of explosion）的形式对应物。

任取跳跃算子的一个不动点 Y。若 $Y \models A$, 则由不动点的定义，有 $A \in Y^+$。另外，完全类似于定理 2.1.1 证明中的推导，可得到 $Y \mid\models T\ulcorner A \urcorner$。所以，$A \in Y^-$，矛盾。同理，若 $Y \mid\models A$，亦可得矛盾对 $A \in Y^+$ 和 $A \in Y^-$。所以，可以断定 A 在任何底模型中相对于任意不动点既非真又非假（即只能取第三值“无定义”）。

类似地可得，$Y \models B$，当且仅当 $B \in Y^+$；$Y \mid\models B$，当且仅当 $B \in Y^-$。但当 Y 为不动点时，这两个式子永远成立。B 在任何底模型中相对于不动点既可为真又可为假。事实上，究竟 B 为真还是为假，应视起始试验而论：如果起始试验的第一分量含 B，那么 B 相对于起始试验所达到的任何不动点都为真，如果起始试验的第二分量含 B，那么 B 相对于起始试验所达到的任何不动点都为假。当然，如果起始试验的两个分量都不含 B，那么 B 相对于起始试验所达到的极小不动点就是无定义的。

其他四个语句不难验证，它们在任何底模型中相对于最小不动点都是无定义的，至于在其他不动点，C、E、F 都不能为假，而 D 不会为真。D、F 的语义特性表明不矛盾律（在一定程度上）得到了保全，同时并不拒斥爆炸原理。正是在这个意义上，克里普克对真概念的定义有时又被称为是“弗完全”的（paracomplete）。①

从上面的例子可以看出，含真谓词符的语句相对于不动点被很好地区分开来，特别是说谎者、诚实者等语句的“毛病”在不动点上被揭示出来。与塔斯基的工作相比，克里普克的工作不是对悖论进行简单地“排斥”或“预防”，而是

① 此语与“弗协调”（paraconsistent）的相对 (Beall, 2007: 330, 366-367)。

对它作出了明确的“诊断”[1]。在这一点上，克里普克的工作是对塔斯基工作的一个推进。

定义 2.2.5 语句若在最小不动点中有定义 (即或真或假)，则称它是**有底的**或**有基的**，否则称为是**无底的**或**无基的**。语句若在任何不动点中都无定义，则称它是**悖论的**。

定义 2.2.5 出自 Kripke(1975: 71,73,74)。例如，上面提到的语句 A 是悖论语句，B 是无底的但不是悖论的。至于其他四个语句，与 A、B 一样，它们都是无底的，但不能就此认为它们也都是无定义的。如先前所指出的，我们只知 C、E、F 不能为假，但它究竟为真还是无定义，应需视不动点而论。D 的情况类似，只不过它不会为真，因而，应视不动点确定它是假还是无定义。从直观上看，它们的真假应该还是比较明显的。这就给我们提出了一个问题：是否存在一个“绝对的”不动点，诸如 C、D、E、F 之类语句相对于它都可以确定一个固定的真值？还可以从另一个侧面来提出同样的问题。直观上，在给定的底模型下，语言 $\mathfrak{L}^+$ 的真概念应是唯一的，然而，作为 $\mathfrak{L}^+$ 自身的真谓词，不动点——即使是极大的不动点——往往不只一个。这就产生了一个问题：究竟哪个不动点才最有资格作为 $\mathfrak{L}^+$ 的真谓词？这个问题与上面提到的那个问题本质上是相同的。克里普克提出所谓的“内在”不动点作为“绝对的”不动点来解决此问题。

定义 2.2.6 (在某个底模型中) 两个试验的并如果还是试验，那么就称它们是**相容的**。一个健全的试验若与其他健全试验都相容，则称它是**内在的**。

定理 2.2.2(Kripke, 1975; Burgess, 1986) 如果 X 是内在的，那么必然存在包含 X 的内在不动点。进而，存在最大内在不动点，即它包含了所有内在不动点。

证明

据推论 2.2.1，可令 Y 为包含 X 的极小不动点，下证 Y 即是 J 的一个内在

[1] “预防”“诊断”之语出自 (Chihara, 1979)。

不动点。为此，任取一个健全试验，设为 X'，则由 X 之内在性，可知 $X \cup X'$ 也是试验，并且是健全的。再由推论 2.2.1 可知，存在包含 $X \cup X'$ 的不动点，设为 Y'。此不动点自然也是包含 X 的不动点，但 Y 为满足此性质的极小不动点，故而，Y 包含在 Y' 之中。因此，$Y \cup X'$ 也必包含在 Y' 之中。这就表明了 Y 和 X' 是相容的，此证得 Y 之内在性。

取包含 X 的所有内在不动点构成的集族，记为 $\mathscr{T} = \{Y_i \mid i \in Z\}$，则由上可知 $\mathscr{T}$ 非空。令此集族之并为 Y_∞，即 $Y_\infty = \bigcup_{i \in Z} Y_i$。下证 Y_∞ 即为 J 之最大内在不动点。首先，Y_∞ 是一试验，若非不然，则 $\bigcup_{i\in Z} Y_i^+ \cap \bigcup_{i\in Z} Y_i^- \neq \varnothing$，于是，$Z$ 中必存在不相等之 i、j，使得 $Y_i^+ \cap Y_j^- \neq \varnothing$。$Y_i$ 和 Y_j 便不会是相容的了。其次，Y_∞ 是 J 之不动点，这是因为每个 Y_i 之健全性保证了 Y_∞ 也是健全的，即 $Y_\infty \subseteq J(Y_\infty)$。因而，$Y_\infty = J(Y_\infty)$，否则，根据刚刚得到的结论及 $J(Y_\infty)$ 之健全性，必存在包含 $J(Y_\infty)$ 从而真包含 Y_∞ 的内在不动点，但这是不可能的。再次，每个 Y_i 之内在性显然确保了 Y_∞ 的内在性。最后，最大性是显然的。 ■

相对于最大内在不动点，每个直观上有真假的语句都会获得应有的真值。例如，就上面提到的语句 C、D、E、F 而言，因 $X = \langle\{\ulcorner C\urcorner, \ulcorner E\urcorner, \ulcorner F\urcorner\}, \{\ulcorner D\urcorner\}\rangle$ 是内在的，故立即可以看出，相对于最大内在不动点，C、E、F 都是真的，而 D 是假的。在这一点上，克里普克说："最大的内在不动点是 $T(x)$ 的唯一一个'最大'的解释，它既吻合我们关于真的直观又在真值指派上不带有任何随意性。"虽然克里普克并没有对 $\mathfrak{L}^+$ 真谓词的选择作出明确的表态，但是由上面一段话可以推测，克里普克至少倾向于把最大内在不动点作为 $\mathfrak{L}^+$ 的真谓词（Kripke, 1975: 74; Sheard, 2011: 1039）。

当然，即使是相对于最大不动点，语句 A 也是无定义的。一般而言，任何悖论语句都是无定义的。我们知道，在不动点中，那些有定义的语句都满足 T- 模式。那么对于这些无定义语句，一个自然的问题是：它们的 T-模式代入特例是否也成立？如克里普克自己所指明的，他的归纳构造过程“为适应三值途径，预设了塔斯基‘T-约定’的如下形式：如果用‘k’来简记语句 A 的名称，那么 $T(k)$ 为真（分别地，假），当且仅当 A 为真（分别地，假）。……，于是得到若 A 的值是真值空缺，那么 $T(k)$ 也是。”（Kripke, 1975: 80）也就是说，除非我们把塔斯基原先的 T-模式作出更宽泛的理解，使之接纳语句的第三值“无定义” U，那么 T-模式对于悖论语句仍可成立：$T\ulcorner A\urcorner$ 为 U，当且仅当 A 为 U。

从总体上而言，与塔斯基的语言层次理论相比，克里普克的真理论虽然不再使用标准的经典真值模式，但却保留了形式语言的语义封闭性，在形式语言内对其自身的真谓词进行了界定。在这一点上，从语言层次理论到归纳构造理论被认为是真理论的一大突破（Beall, 2007: 330）。克里普克的这一理论虽然招致了一些批评，但无论如何，它使形式语言包含自身的真谓词成为可能，使真谓词的研究大大向前推进了一步。

§2.3　修正理论

克里普克的真理论获得了空前的成功，但其中对真谓词的构造以付出放弃语义的经典性作为代价，这引起了人们的不满。由此，赫茨伯格和古普塔各自独立地对克里普克的理论进行了改造，于同一时间建立了几乎是相同的新真理论[①]，使得对真谓词的构造过程能够容许经典赋值，把真理论的研究又推进了一步。因其中对真谓词的构造类似归纳构造过程，这一理论被称为是“半归纳构造”(semi-inductive construction)理论；又因构造过程的一个特征是对语言的真反复进行“修正”，故而这一理论又被称为“修正”（revision）理论（Herzberger,

① 与此同时，这个理论还由贝尔纳普进行了推广，三人的论文于 1982 年同时发表在《哲学逻辑杂志》上。后来，古普塔和贝尔纳普还合作完成了这一方面的专著《真之修正理论》(Gupta and Belnap, 1993)。参见 (Gupta, 1982: 1-60; Herzberger, 1982b: 61-102; Belnap, 1982: 103-116)。同一系列且同一时间的论文还包括赫茨伯格的 (Herzberger, 1982a: 479-497)。

1982b: 140; Gupta, 1982: 213-214)。这一理论被认为是在真理论中“开辟了一个全新的领域”,“提供了一个在所有应用和几乎所有的理论目标方面都感到满意的真之概念”(McGee, 1996: 730; 1997: 388)。本节就来阐述修正理论对真谓词的构造及其相关的后果。

2.3.1 修正序列

归纳构造理论为真理论的发展开辟了一条新途径，但也遭到许多批评。在介绍修正理论之前，先转述一下古普塔对克里普克理论的四个批评，并作一个简短的评论。

古普塔的第一个批评与逻辑法则的处理相关。2.2 节最后的几个例子表明应用最大内在不动点，诸如同一律、排中律、不矛盾律，以及爆炸原理等还是可以得到比较符合直观的处理的，但古普塔给出了一个用不动点理论处理必然违反直觉的例子。考虑这样一个语句：

$$G = \forall v_0(\mathrm{Sent}(v_0) \to \neg(T(v_0) \wedge \neg T(v_0))),$$

它大体上可看作是对不矛盾律的直接表达（比较前面的语句 D），直觉上它自然应当为真，所以，我们可能会以为它至少应相对于某个不动点（比如，最大内在不动点）为真。但事实并非如此，至少并非总是如此：如果形式语言中含有像 A 这种“说谎者型的语句”，那么语句 G 既然在任何不动点中都没有定义，而只能是悖论的——这明显是违反直观的 (Gupta, 1982: 209)。

按照克里普克的理论，G 之所以是悖论的，是因为对于底模型 $\mathfrak{M}$ 的任何不动点 Y 而言，一方面，如若 $Y \models G$，则特别地，应有 $Y \models \neg(T\ulcorner A\urcorner \wedge \neg T\ulcorner A\urcorner)$，因而必可推出 $Y \not\models T\ulcorner A\urcorner$ 和 $Y \not\models \neg T\ulcorner A\urcorner$ 至少有一个成立，即或 $A \in Y^-$，或 $A \in Y^+$。但 A 的悖论性决定了这是不可能发生的。另一方面，假使 $Y \not\models G$，则存在语句 Z，使得 $Y \not\models \neg(T\ulcorner Z\urcorner \wedge \neg T\ulcorner Z\urcorner)$，由此又可推出 $\ulcorner Z\urcorner \in Y^+$ 和 $\ulcorner Z\urcorner \in Y^-$，这当然也是不可能的。以上两个方面表明，按照克里普克的理论，语句 G 只能是悖论的。

与第一个批评相关，古普塔根据 G 相对于最小不动点之无基性认定它“不能被断定为真”，进而也把这当作是“反直观的”。这是古普塔的第二个批评 (Gupta, 1982: 210)。

古普塔的第三个批评是：“在日常对话中，我们允许的一些类型的推理按克里普克的解释却是无效的。”为此，古普塔举了一个例子 (Gupta, 1982: 210)。在这里，笔者模仿古普塔造一个也许比古普塔原来的例子更简单且也能表达同样思想的例子。考虑下面的对话：

P 说：“如果我说的是真的，那么 Q 说的不是真的。”

Q 说：“我说的是真的，当且仅当 P 说的是真的。”

问：P、Q 究竟谁说的是真的，谁说的是假的？

不需任何形式处理，只需经过一些简单的逻辑推导，不难得到：P 说的是真的，Q 说的是假的。然而，古普塔说：“如果我们接受克里普克的理论，把极小不动点作为真之模型，那么就必须拒斥这样的推理。”因为相对于极小不动点，这两个语句明显是无定义的。在这一点上，古普塔认为克里普克对真的刻画也是不能接受的 (Gupta, 1982: 210)。

最后一个批评是，T-模式即使在语句没有出现“恶性指称”的情况下也可能不成立，实际上，这一点在前面的很多例子中已经看到：语句 C、D、E、F、G 尽管没有出现类似于说谎者那样的“恶性指称”，它们相对于极小不动点却与说谎者相对于极小不动点的表现无二：都是既非真又非假的。古普塔声称这是他所有批评中的“分量最重”的一个 (Gupta, 1982: 211)。

对于古普塔的以上四个批评，第一个批评是切中要害的，这一点毋庸置疑。但是对于其他三个批评，在笔者看来，对克里普克的理论并不构成任何威胁，因为所有这三个批评都基于这样一个假设：极小不动点是真谓词符的解释。对此，如笔者在前面已经指出的，作为真谓词符的解释，每个不动点都是一种可能性。而就最小不动点与其他不动点都相容这一点，克里普克也确实提到极小不动点“大概是真概念的最自然的模型” (Gupta, 1982: 73)。但他同时还指出，关于真谓词那种“既吻合我们关于真的直观又在真值指派上不带有任何随意性”的解释唯有最大内在不动点才是不二的选择 (Gupta, 1982: 74)。因此，古普塔在后三个批评中所基于的假设实际上是强加到克里普克身上的。如果他不能证明没有这个假设他的批评照样成立，那么他的批评就不再有效。

事实上，没有极小不动点作为真谓词这一假设，他的后三个批评就不能成立。关键恰恰在于，真谓词未尝不可以最大内在不动点作为一种选择。就第二个批评而言，正如 2.2 节对语句 C、E、F 的处理表明的，G 是可以在最大内在不动点中被断定为真的，代价是形式语言中不能出现任何悖论语句。因而，关键不在于直不直观，而在于代价是否过大。

对于第三个批评，事实上，P、Q 所言的真假也能相对于最大内在不动点得到解释。用 p 表示语句“P 说的是真的”，用 q 表示语句“Q 说的是真的”，则 P 之所说可表示为 $T(p) \to \neg T(q)$，Q 之所说可表示为 $T(p) \leftrightarrow T(q)$。如果分别以

$$\langle\{\ulcorner p\urcorner, \ulcorner q\urcorner\}, \varnothing\rangle、\langle\{\ulcorner p\urcorner\}, \{\ulcorner q\urcorner\}\rangle、\langle\{\ulcorner q\urcorner\}, \{\ulcorner p\urcorner\}\rangle、\langle\varnothing, \varnothing\rangle \tag{2.1}$$

作为起始试验，按定理 2.2.2 的证明中所示的方法进行扩充，最终以上四种起始试验唯有第二个可以扩充至最大内在不动点，因而上述结论并不是不能用克里普克理论推出。在这个意义上，同第二种批评一样，古普塔的第三种批评也很难站得住脚。古普塔自己也意识到了这个问题，因而对这个批评中所举的例子作了调整 (Gupta, 1982: 212)，但在笔者看来，不论作什么调整，都是于事无补的。正如笔者在前面所指出的那样，一切有真值的语句相对于最大内在不动点都能确定其真值。

对于最后一个批评，古普塔自己也承认他的这个批评在把最大内在不动点作为真谓词时不再适合 (Gupta, 1982: 212)。这里有必要指出，他的这个批评与笔者在 2.2 节最后所指出的不同：当笔者说克里普克对真的不动点解释未能满足 T-模式时，笔者指的是，那些悖论语句无法纳入到这个等式之中，不论是相对于何种不动点，这些语句永远都是没有定义的。

我们看到，虽然古普塔对克里普克的批评不总是有效，但在某些方面（主要

是第一个批评）也指出了克里普克理论的不足。古普塔指出，需要“寻找另一种与克里普克的累计过程不同的刻画真概念的办法”。针对克里普克对真值间隙的使用，古普塔还明确地指出新刻画应在“经典一阶量化语言”中进行 (Gupta, 1982: 212, 178)。相比之下，赫茨伯格似乎要温和一些，并没有特别着意于批评克里普克的理论（他最多把自己的理论与克里普克的理论进行了不带价值判断的对比)，而是直截了当地提出这样一个问题：“若从经典模型（带有一个初始真谓词，其反外延为外延之补）出发，克里普克的构造将会怎样？”（Herzberger, 1982b: 135）简单地讲，在保留经典性的条件下，如何尽可能地保持归纳构造过程？下面就以此问题作为引导介绍修正理论。

对于上一问题，首先要注意，在归纳构造的起始阶段 X_0，如果它的外延包含说谎者语句，那么以后的各个有穷阶段的外延和反外延都将交替地包含说谎者语句，这样在第 ω 阶段，由于此阶段是所有有穷阶段的并，故而此阶段的外延和反外延都会包含说谎者语句。如果在归纳构造的起始阶段，是反外延包含说谎者语句，情况完全类似。无论如何，只要保持经典性不变，克里普克的归纳构造过程就不可能任意迭代多次：在第 ω 阶段迭代将不再可能（Herzberger, 1982b: 135-136)。

为了使迭代过程继续下去，赫茨伯格和古普塔不约而同地想到了同样的答案：对归纳构造过程的极限阶段进行修改 ——虽然修改的细节有细微差别，但思想上是相同的。赫茨伯格对归纳构造过程的修改如下 (Herzberger, 1982b: 141)①：

定义 2.3.1　对于试验 $X=\langle X^+, X^-\rangle$，规定以下序列：

$$X^{\mathrm{H}}_{\alpha}=\begin{cases} X, & \alpha=0; \\ J\left(X^{\mathrm{H}}_{\beta}\right), & \alpha=\beta+1; \\ \liminf\limits_{\beta\to\alpha} X^{\mathrm{H}}_{\beta}, & \alpha \text{ 为极限序数。} \end{cases}$$

① 同样的序列在 (Gupta, 1982: 186) 中也出现了，但动机不同。

在这个定义中，记号 lim inf（下极限）及其对偶记号 lim sup（上极限）所表示的按如下规定：

$$\liminf_{\beta\to\alpha} X_\beta = \bigcup_{\gamma<\alpha}\bigcap_{\gamma<\beta<\alpha} X_\beta,$$
$$\limsup_{\beta\to\alpha} X_\beta = \bigcap_{\gamma<\alpha}\bigcup_{\gamma<\beta<\alpha} X_\beta。$$

注意，J 可以是相对于三值模式的 J^κ、J^μ、J^σ，也可以是相对于经典真值的 J^τ。相对于三值模式，由 J 的单调性，不动点定理仍然成立 ——甚至起始试验的健全性要求都可以不要。

定理 2.3.1(不动点定理的一般情形) 对试验集上的任何单调跳跃算子 J（特别地，J^κ、J^μ、J^σ 等），J 必存在包含 X 的不动点。

因为现在关注的不再是三值赋值模式下的单调算子，这个定理的证明略去，可参见 Barba(1998: 404-405) 或 Visser(1989: 682-683)。因为相对于经典真值规定出的是 J^τ 不是单调算子，所以，定理 2.3.1 对 J^τ 不成立：J^τ 一般是没有不动点的。除非特别声明，本节以后都在经典真值模式下工作。① 先给出 J^τ 的一个简单性质。

引理 2.3.1 若试验 $X=\langle X^+,X^-\rangle$ 的外延与反外延互补，即 $X^+\cup X^-=\mathbb{N}$，则 $J^\tau(X)$ 的外延与反外延也互补。 ■

因而，就确定试验而言，只需确定试验的外延即可。往后，X 将被特别地用来表示其外延，并按修正理论的习惯，改称“试验”为“**假设**”（hypothesis）。相应地，把 J^τ 改写为 δ，并称之为假设集上的**修正算子**。定义 2.3.1 中所规定的序列将被称为是以 X 作为初始假设的 **H-修正序列**。

古普塔给出的修正序列如下（Gupta, 1982: 215）。

---

① 但本节以后所有的工作同样可类推到其他任何非经典真值模式。赫茨伯格、贝尔纳普都专门指出过这一点。参见 (Herzberger, 1982b: 141,169-173; Belnap, 1982: 113)。

定义 2.3.2　对于假设 $X \subseteq \mathbb{N}$，规定以下序列：

$$X_{\alpha}^{\mathrm{G}} = \begin{cases} X, & \alpha = 0; \\ \delta\left(X_{\beta}^{\mathrm{G}}\right), & \alpha = \beta + 1; \\ \liminf\limits_{\beta \to \alpha} X_{\beta}^{\mathrm{G}} \cup \left(X \cap \limsup\limits_{\beta \to \alpha} X_{\beta}^{\mathrm{G}}\right), & \alpha \text{ 为极限序数。} \end{cases}$$

此序列称为以 X 作为初始假设的 **G-修正序列**。

H-修正序列和 G-修正序列在后继序数阶段的规定是相同的，其直观意思也是明显的。为看清极限序数阶段各修正序列的直观意思，让我们作如下规定。

定义 2.3.3　给定一个语句 A，对于极限序数 α，如果存在序数 $\gamma < \alpha$，使得对 γ 与 α 之间的任何 β（即 $\gamma < \beta < \alpha$），$\ulcorner A \urcorner$ 都在 X_{β}^{H}（分别地，$\mathbb{N} \setminus X_{\beta}^{\mathrm{H}}$）之中，那么称 A 相对于以 X 作为初始假设的 H-修正序列至 α 阶段是 H-稳定真的（分别地，**H-稳定假**的），记号：$X_{\beta}^{\mathrm{H}} \models_{\beta \to \alpha} A$（分别地，$X_{\beta}^{\mathrm{H}} \mid\models_{\beta \to \alpha} A$）。进而，如果存在序数 β，使得对一切大于 β 的极限序数 α，都有 $X_{\beta}^{\mathrm{H}} \models_{\beta \to \alpha} A$（分别地，$X_{\beta}^{\mathrm{H}} \mid\models_{\beta \to \alpha} A$），那么称 A 在模型 $\mathfrak{M}$ 中相对于以 X 作为初始假设的 H-修正序列是 **H-稳定真**的（分别地，**H-稳定假**的），记号：$X_{\beta}^{\mathrm{H}} \models_{\infty} A$（分别地，$X_{\beta}^{\mathrm{H}} \mid\models_{\infty} A$）。

对于 G-修正序列，可类似地规定相应的 G-稳定真（G-稳定假）概念。以后若不作说明，“稳定真”指的是 H-稳定真，“稳定假”类似。

不难看出，当 α 为极限序数时，在 H-修正序列的第 α 阶段，

$$A \in X_{\alpha}^{\mathrm{H}}\text{，当且仅当 } \exists \gamma < \alpha \forall \beta < \alpha \left(\gamma < \beta \to A \in X_{\beta}^{\mathrm{H}}\right),$$

因而，X_{α}^{H} 所包含的语句不多不少正是（相对于以 X 作为初始假设的 H-修正序列）至 α 阶段的所有稳定真语句。这就是赫茨伯格规定修正序列的关键所在：极限阶段包含且只包含那些至这个阶段为稳定真的语句。

在极限阶段，古普塔所规定的修正序列就包含稳定真语句这一点与赫茨伯格所规定的修正序列是一致的，但对初始假设 X 中的某些语句，两人的态度有所不同。注意：

$$A \in \left(X \cap \limsup_{\beta \to \alpha} X_{\beta}^{\mathrm{G}} \right), \text{当且仅当} A \in X \text{且} \forall \gamma < \alpha \exists \beta < \alpha \left(\gamma < \beta \wedge A \in X_{\beta}^{\mathrm{G}} \right),$$

因而，X 与 $\limsup\limits_{\beta \to \alpha} X_{\beta}^{\mathrm{G}}$ 的交集所包含的就是 X 中那些至 α 阶段非稳定假的语句。至 α 阶段非稳定假的语句有两种：一种是至 α 阶段稳定真的语句；另一种是至 α 阶段既非稳定真又非稳定假的语句——通常称它们为至 α 阶段 H-不稳定的语句。在 H-修正序列的 α 阶段后一种语句一律被断定为假。与此不同，在古普塔的修正序列中，它们在 α 阶段究竟应被断定为真还是为假，应视它们在初始阶段的真值来定：如果它们在初始阶段为真，那么它们在 α 阶段就应被断定为真；相反，如果它们在初始阶段为假，那么它们在 α 阶段就应被断定为假。这是古普塔修正序列在极限阶段的规定实质之所在。

例如，就说谎者语句 L 而论，如果初始假设包含 L，即 $L \in X_0$，那么 $X_0 \models T\ulcorner L \urcorner$，由此又可得到 $X_0 \Vdash D(\boldsymbol{m}, \ulcorner L \urcorner) \to \neg T\ulcorner L \urcorner$，因而，有 $X_0 \Vdash \forall v_2 \left(D(\boldsymbol{m}, v_2) \to \neg T(v_2) \right)$，即 $X_0 \Vdash L$。由以上推出：L 在第 0 阶段被断定为真且在第 0 阶段为假。这同时表明：$L \notin X_1$，由此又可得 L 在第 1 阶段被断定为假但在第 1 阶段为真。一般地，在任何偶数号阶段，L 都被断定为真（但其本身为假）；而在任何奇数号阶段，L 都被断定为假（但其本身为真）。因而，说谎者语句 L 至第 ω 阶段是不稳定的。按照赫茨伯格的规定，说谎者语句在第 ω 阶段应被断定为假（据此又可推断它在这个阶段为真）（表 2-2a）。但按照古普塔的规定，因初始假设恰好含有这个语句，说谎者语句在第 ω 阶段应被断定为真（据此又可推断它在这个阶段为假）（表 2-2b）。

贝尔纳普 (Belnap, 1982) 对以上两种修正序列进行了推广，其推广如下。

定义 2.3.4 对于假设 $X \subseteq \mathbb{N}$，如果序列 X_{α}^{B}（α 为序数）满足：

(1) $X_0^{\mathrm{B}} = X$；

(2) $X_{\alpha+1}^{\mathrm{B}} = \delta\left(X_{\alpha}^{\mathrm{B}}\right)$；

(3) 当 α 为极限序数时，$\liminf\limits_{\beta \to \alpha} X_{\beta}^{\mathrm{B}} \subseteq X_{\alpha}^{\mathrm{B}} \subseteq \limsup\limits_{\beta \to \alpha} X_{\beta}^{\mathrm{B}}$。

表 2-2　L 在修正序列各个阶段的真值

(a)

α	L	$T\ulcorner L\urcorner$	$T\ulcorner L\urcorner\leftrightarrow L$
0	F	T	F
1	T	F	F
2	F	T	F
$\cdots$	$\cdots$	$\cdots$	$\cdots$
ω	T	F	F
$\omega+1$	F	T	F
$\cdots$	$\cdots$	$\cdots$	$\cdots$

(b)

α	L	$T\ulcorner L\urcorner$	$T\ulcorner L\urcorner\leftrightarrow L$
0	F	T	F
1	T	F	F
2	F	T	F
$\cdots$	$\cdots$	$\cdots$	$\cdots$
ω	F	T	F
$\omega+1$	T	F	F
$\cdots$	$\cdots$	$\cdots$	$\cdots$

那么称此序列为以 X 作为初始假设的一个 **B-修正序列**。

在定义 2.3.4 中，第三条规定并没有唯一地确定一个修正序列，而是满足这个条件的一类序列。这条规定被贝尔纳普称为**“引导指令”**（bootstrapping policy）。我们注意到，$X^{\mathrm{B}}_{\alpha}\subseteq\limsup\limits_{\beta\to\alpha}X^{\mathrm{B}}_{\beta}$，当且仅当 $X^{\mathrm{B}}_{\alpha}\cap\liminf\limits_{\beta\to\alpha}\left(\mathbb{N}\setminus X^{\mathrm{B}}_{\beta}\right)=\varnothing$，可以看出，引导指令的意思是，在 B-修正序列的极限阶段，那些至此阶段稳定真的语句将被断定为真，但那些至此阶段稳定假的语句不可被断定为真。显然，此条件比 H-修正序列、G-修正序列在极限阶段的要求都要宽松，后两种修正序列作为两种特例被包含在 B-修正序列之中。

2.3.2　巨环与稳定性

先给出一个修正理论中与归纳构造理论中的不动点定理对等的定理：巨环定理。

定理 2.3.2(巨环定理)　对 H-修正序列 X^{H}_{α}（α 历遍所有序数），必定存在序数 α_0（闭合序数）、β_0（基本周期），使得对任何序数 γ，都有 $X^{\mathrm{H}}_{\alpha_0+\beta_0\gamma}=X^{\mathrm{H}}_{\alpha_0}$。①

① 赫茨伯格 (Hurzberger, 1982b: 150) 提出这个定理，名曰“周期性定理”。巨环定理对 G-修正序列同样成立，但对 B-修正序列却不一定。

我们知道，不动点定理所表明的是归纳构造序列在经过充分多次的“跳跃”后，最终可达到这样一个阶段：序列由此往后的项保持“不动”。H-修正序列则一般只会达到这样一个阶段(称为“**闭合阶段**”或“**稳定化点**)，自此之后序列中的项会按照一定的**周期**进行循环。赫茨伯格作了个形象的比喻：不动点定理所表述的好比循环节只有一位的循环小数(比如，0.27837 93333 ⋯)，而巨环定理则描述循环节可能是一位也可能是多位的循环小数(比如，0.278379142857142857142857⋯)。①

为了证明巨环定理，需要一些引理。

引理 2.3.2 H-修正序列具有如下性质：

(1) 对任何序数 α、β，$\left(X^{\mathrm{H}}_{\alpha}\right)^{\mathrm{H}}_{\beta} = X^{\mathrm{H}}_{\alpha+\beta}$。

(2) 对任何序数 α、β、γ，若 $X^{\mathrm{H}}_{\alpha} = X^{\mathrm{H}}_{\beta}$，则 $X^{\mathrm{H}}_{\alpha+\gamma} = X^{\mathrm{H}}_{\beta+\gamma}$。

(3) 对任何序数 α、β 及极限序数 λ，若 $X^{\mathrm{H}}_{\alpha} = X^{\mathrm{H}}_{\alpha+\beta}$，则 $X^{\mathrm{H}}_{\alpha+\beta\lambda} = \bigcap_{\nu<\beta} X^{\mathrm{H}}_{\alpha+\nu}$。

证明

例行地对 β 施超穷归纳即可证得 (1)。(2) 由 (1) 直接推得。对于结论 (3)，由 (1) 有

$$X^{\mathrm{H}}_{\alpha+\beta\lambda} = \left(X^{\mathrm{H}}_{\alpha}\right)^{\mathrm{H}}_{\beta\lambda} = \bigcup_{\gamma<\beta\lambda}\bigcap_{\gamma<\mu<\beta\lambda} X^{\mathrm{H}}_{\alpha+\mu}。$$

又 $X^{\mathrm{H}}_{\alpha} = X^{\mathrm{H}}_{\alpha+\beta}$，则用超穷归纳法可证：对任何 $\gamma<\lambda$，$X^{\mathrm{H}}_{\alpha} = X^{\mathrm{H}}_{\alpha+\beta\gamma}$。据此，有

论断：$\{X^{\mathrm{H}}_{\alpha+v} \mid \nu < \beta\lambda\} = \{X^{\mathrm{H}}_{\alpha+\nu} \mid \nu < \beta\}$。

显然，此论断直接蕴涵着结论。余下只需证明此论断。事实上，由 $\mu < \beta\lambda$，存在唯一的 $\gamma<\lambda$、$\nu<\beta$，使得 $\mu = \beta\gamma+\nu$，故而 $X^{\mathrm{H}}_{\alpha+\mu} = X^{\mathrm{H}}_{\alpha+\nu}$。因此，论断中等式左边包含于右边。反之，若 $\nu<\beta$，则存在 $\gamma<\lambda$，使得 $\beta\gamma+\nu<\beta\lambda$，因而 $X^{\mathrm{H}}_{\alpha+\nu} = X^{\mathrm{H}}_{\alpha+\beta\gamma+\nu}$。这表明论断中等式左边也包含右边。 ■

---

① 参见 (Herzberger, 1982b: 149-150)。“稳定化点”的说法来源于 (Herzberger, 1982a: 492)。

下面的记号将一直沿用到巨环定理证明结束。

$$\begin{aligned}\mathscr{T} &= \left\{X^{\mathrm{H}}_{\alpha} \mid \alpha \text{ 是序数}\right\},\\ \mathscr{T}_0 &= \left\{Y \in \mathscr{T} \mid \forall\beta\,\exists\gamma > \beta\left(X^{\mathrm{H}}_{\gamma} = Y\right)\right\}.\end{aligned}$$

引理 2.3.3　(1) 对序数 α、β, 若 $\alpha < \beta$, 则当 $X^{\mathrm{H}}_{\alpha} \in \mathscr{T}_0$ 时, 必有 $X^{\mathrm{H}}_{\beta} \in \mathscr{T}_0$。

(2) $\mathscr{T}_0$ 非空。

(3) 存在序数 α_0, 使得 $X^{\mathrm{H}}_{\alpha_0} = \bigcap \mathscr{T}_0$。

证明

由 $\alpha < \beta$, 可知存在序数 ϵ, 使得 $\alpha + \epsilon = \beta$ （Jech, 2003: 24）。因而, $X^{\mathrm{H}}_{\beta} = X^{\mathrm{H}}_{\alpha+\epsilon}$。现假设 $X^{\mathrm{H}}_{\beta} \notin \mathscr{T}_0$, 则存在序数 $\beta' > \beta$, 使得对任何 $\gamma > \beta'$, 都有 $X^{\mathrm{H}}_{\gamma} \neq X^{\mathrm{H}}_{\beta'}$。因 $X^{\mathrm{H}}_{\alpha} \in \mathscr{T}_0$, 可取 $\alpha' > \gamma$, 使得 $X^{\mathrm{H}}_{\alpha'} = X^{\mathrm{H}}_{\alpha}$。根据引理 2.3.2 结论 (2), 得到 $X^{\mathrm{H}}_{\alpha'+\epsilon} = X^{\mathrm{H}}_{\alpha+\epsilon}$, 即 $X^{\mathrm{H}}_{\alpha'+\epsilon} = X^{\mathrm{H}}_{\beta}$, 但 $\alpha' + \epsilon > \gamma$, 矛盾。此证得引理 2.3.3 结论 (1)。

为了证明引理 2.3.3 的结论 (2), 假设 $\mathscr{T}_0$ 空, 则可规定从 $\mathscr{T}$ 到序数类的对应如下：$Y \mapsto \beta_Y$, 其中 β_Y 为满足 $\forall\gamma > \beta\left(X^{\mathrm{H}}_{\gamma} \neq Y\right)$ 最小的序数 β。令 $\beta_{\mathscr{T}} = \bigcup_{Y\in\mathscr{T}} \beta_Y$。因 $\mathscr{T}$ 是一个集合, 故 $\beta_{\mathscr{T}}$ 是一个序数。取 $\gamma > \beta_{\mathscr{T}}$, 则 $X^{\mathrm{H}}_{\gamma} \neq Y$ 对所有 $Y \in \mathscr{T}$ 都成立, 这是不可能的。因而, 引理 2.3.3 的结论 (2) 得证。

最后, 考虑序数集

$$O = \left\{\beta \mid \beta \text{ 是满足 } \exists\gamma\left(X^{\mathrm{H}}_{\gamma} \in \mathscr{T}_0 \wedge X^{\mathrm{H}}_{\beta} = X^{\mathrm{H}}_{\gamma}\right) \text{ 的最小序数}\right\},$$

由引理 2.3.3 的结论 (2) 可知, O 非空, 而且类似于引理 2.3.3 的结论 (2) 中所作的证明, 可证 O 是有界的。令 β_0 是 O 中最小元, 由 O 的定义和有界性及 $\mathscr{T}_0$ 的定义, 必定存在足够大的序数 γ, 使得 γ 大于 O 中所有序数且 $X^{\mathrm{H}}_{\gamma} = X^{\mathrm{H}}_{\beta_0}$。令 γ_0 为此种 γ 之最小者, 因 $\gamma_0 > \beta_0$, 故存在唯一的 ϵ, 使得 $\gamma_0 = \beta_0 + \epsilon$。再令 $\alpha_0 = \beta_0 + \epsilon\omega$, 则根据引理 2.3.2 的结论 (3), 有

$$X^{\mathrm{H}}_{\alpha_0} = X^{\mathrm{H}}_{\beta_0+\epsilon\,\omega} = \bigcap_{\nu<\epsilon} X^{\mathrm{H}}_{\beta_0+\nu} = \bigcap \mathscr{T}_0,$$

因而 α_0 符合引理 2.3.3 结论 (3) 之要求。 ■

定理 2.3.2 的证明 根据引理 2.3.3 所证，可令 α_0 是满足 $X_\alpha = \bigcap \mathscr{T}_0$ 的最小序数 α，β_0 是满足 $X_{\alpha_0+\beta} = \bigcap \mathscr{T}_0$ 的最小非零序数 β。对 γ 施超穷归纳证明 $X_{\alpha_0+\beta_0\gamma} = \bigcap \mathscr{T}_0$。$\gamma$ 为 0 或后继序数时显然，当 γ 为极限序数时，根据引理 2.3.2 的结论 (3)，有 $X_{\alpha_0+\beta_0\gamma} = \bigcap_{\nu<\beta_0} X^{\mathrm{H}}_{\alpha_0+\nu}$。特别地，当 $\nu = 0$ 时，得到 $X_{\alpha_0+\beta_0\gamma} \subseteq \bigcap \mathscr{T}_0$。对任意 $\nu < \beta_0$，$X^{\mathrm{H}}_{\alpha_0+\nu}$，显然属于 $\mathscr{T}_0$，故 $X_{\alpha_0+\beta_0\gamma} \supseteq \bigcap \mathscr{T}_0$。■

巨环定理的意义在于，在某个底模型下，相对于某个 H-修正序列（相对于 G-修正序列亦然，以后不再另外说明），自闭合阶段之后，若一个语句被断定为真（分别地，为假），则它一定在往后按照特定的周期也被断定为真（分别地，为假）。此种现象，正如赫茨伯格所指出的，语句的真值自某阶段往后虽不必是固定的 (fixed)，但一定是"周期性的"（periodic)：语句的真值在修正序列上表现出"固定的样式"，并且此样式将"无穷尽地重复下去"（Herzberger, 1982b: 148）。

例如，考虑以空集作为初始假设的 H-修正序列，在这个修正序列中，所有其中不出现无真谓词符的语句其闭合阶段数显然都为 1，周期为 1。而诚实者语句因为从第 0 阶段开始即被断定为真，故而其闭合阶段数为 0，周期也为 1。说谎者语句就不同了，它在第 0 阶段被断定为假，在第 1 阶段则被断定为真，在第 2 阶段再一次被断定为假，如此无穷地重复下去，因而其闭合阶段数为 0，而周期则为 2。同理，(两个) 佐丹卡片语句的闭合阶段数都为 0，而周期则都为 4。前面给出的赫茨伯格无穷序列的周期达到无穷甚至超穷，赫茨伯格构造出这些序列正是用来说明存在这样的悖论序列，其周期甚至可以是超穷的，用赫茨伯格自己的话来说——其"不稳定性"呈现出"越来越高的超穷度"(Herzberger, 1982b: 148)。[1]

应当注意，以上每个例子相对于不同的初始假设，其闭合阶段数可能发生改变，但周期性却保持不变。这启发我们猜测周期性应是独立于修正序列的不

① 赫茨伯格甚至提议用周期性来对语句（主要是那些问题语句）进行刻画。

变量。古普塔就周期为 1 时证明了这个猜测是成立的 (Gupta, 1982: 187-190, 217)。一般情形似乎还没有人给予证明，现作为一个问题提出。

问题 2.3.1 某个语句的周期是否是独立于 H-修正序列的不变量？

这个问题同时还提示可以按照语句周期性的特点进行分类，这正是修正理论解决真概念定义问题的关键。

下面转入修正理论中对真概念的讨论。由于修正理论坚持 $\mathfrak{L}^+$ 语义的经典性，因而不可能在 $\mathfrak{L}^+$ 中大而化之地规定真谓词。就此，古普塔提议应对 $\mathfrak{L}^+$ 中的语句按其“稳定性”进行分类，然后针对每类语句，检查它们在多大程度上满足 T-模式。下面即是关于“稳定性”的一组概念。

定义 2.3.5 对于语句 A，如果它相对于任何 H-修正序列都是 H-稳定真的 (分别地，H-稳定假的)，那么称 A 是 H-稳定真的 (分别地，**H-稳定假的**)，记号：$\mathfrak{N} \models_\infty A$ (分别地，$\mathfrak{N} \mid\models_\infty A$)。H-稳定真语句或 H-稳定假语句统称为 H-稳定语句，除此之外的语句称为 H-**不稳定的**。

对于稳定的语句，显然有以下命题。

命题 2.3.1 若 A 是 H-稳定语句，则 $T\ulcorner A\urcorner \leftrightarrow A$ 必定是 H-稳定真的。

上一结果表明 T-模式对稳定语句而言都是在“稳定真”的意义下是成立的。接下来的问题是，T-模式对 H-不稳定语句是否也成立，在何意义下成立？为此，需要对不稳定语句进行一个分类。下面的分类法是根据古普塔的提法对 H-修正序列作出的。

(a) 相对于任何 H-修正序列都是 H-稳定的，但相对于某些 H-修正序列是 H-稳定真的，又相对于某些 H-修正序列是 H-稳定假的语句

(b) 相对于某些 H-修正序列是 H-不稳定的，但相对于其他所有 H-修正序列都是 H-稳定真的语句

(c) 相对于某些 H-修正序列是 H-不稳定的，但相对于其他所有 H-修正序列都是 H-稳定假的语句

(d) 相对于某些 H-修正序列是 H-不稳定的，同时既相对于某些 H-修正序

列是 H-稳定真的，还相对于其他所有 H-修正序列都是 H-稳定假的语句

(e) 相对于任何 H-修正序列都既不是 H-稳定真的，又不是 H-稳定假的

按照古普塔的说法，可称第一类语句是 H-弱不稳定的，称最后一类语句是 H-悖论的（Gupta, 1982: 226）。这是不稳定语句中最重要的两类。第一类的一个典型例子是诚实者语句，而最后一类的例子当然有说谎者语句。其他类型的例子请参考 Gupta(1982: 227)。命题 2.3.2 给出了所有这些类别在 T-模式上的语义表现。

命题 2.3.2 设 A 为 H-不稳定语句，则

(1) 若 A 是属于类型 (a) 的语句，则 $T\ulcorner A\urcorner \leftrightarrow A$ 是 H-稳定真的。

(2) 若 A 是属于类型 (b)、(c)、(d) 的语句，则 $T\ulcorner A\urcorner \leftrightarrow A$ 相对于某些（但非全体）H-修正序列是 H-稳定真的。

(3) 若 A 是属于类型 (e) 的语句，则 $T\ulcorner A\urcorner \leftrightarrow A$ 相对于任何 H-修正序列都不是 H-稳定真的（从而 $T\ulcorner A\urcorner \leftrightarrow A$ 一定不是 H-稳定真的）。

证明

只对类似于 (e) 的情况进行证明，其余类型的情况是显然的。假设 $T\ulcorner A\urcorner \leftrightarrow A$ 在底模型 $\mathfrak{M}$ 中相对于某个 H-修正序列 X_α^{H} 是 H-稳定真的，则存在序数 α_0，使得当 $\beta > \alpha_0$ 时，必有 $X_\beta^{\mathrm{H}} \models T\ulcorner A\urcorner \leftrightarrow A$，亦即 $X_\beta^{\mathrm{H}} \models T\ulcorner A\urcorner$，当且仅当 $X_\beta^{\mathrm{H}} \models A$。因而，对任意 $\beta > \alpha_0$，$A \in X_\beta^{\mathrm{H}}$，当且仅当 $A \in X_{\beta+1}^{\mathrm{H}}$。这样，$A$ 在底模型 $\mathfrak{M}$ 中相对于 H-修正序列 X_α^{H} 就是 H-稳定真的，这与 A 在底模型 $\mathfrak{M}$ 中的悖论性相矛盾。 ■

对于悖论语句，还需要指出，它的 T-模式的代入特例一定不是 H-稳定真的，那么它是不是一定稳定假呢？事实上，这在命题2.3.2的证明中已经获得证明。

命题 2.3.3 悖论语句的 T-模式代入特例要么是 H-稳定假的，要么是 H-悖论的，要么是属于类型 (c) 的语句。 ■

经过先前的讨论可以看出，在修正理论中，T-模式对某个语句是否成立至

少可在如下两个意义下进行解释:(相对于所有修正序列)稳定真、相对于某个修正序列稳定真。注意,第一种解释的实质是把 T 解释为谓词

$$\{\ulcorner A \urcorner \mid \forall X \subseteq D\, \exists \alpha\, \forall \beta > \alpha \left(X_{\beta}^{\mathrm{H}} \models A\right)\}.$$

类似地,第二种解释的实质是把 T 解释为谓词

$$\{\ulcorner A \urcorner \mid \exists X \subseteq D\, \exists \alpha\, \forall \beta > \alpha \left(X_{\beta}^{\mathrm{H}} \models A\right)\}.$$

以上两个谓词究竟哪种更适合作为真谓词符的解释呢?

根据命题 2.3.1 和命题 2.3.2,若以第一个谓词作为解释,即适合 T-模式的语句不但包含通常为真的语句,还包含所有的"逻辑规律"(比如,2.2.2 节提到的语句 C、E、F 及 2.3.1 节提到的语句 G)及"语义法则"(比如,若一个语句是另一个语句的否定,则前者为真,当且仅当后者为假),甚至还包含一些带有自指的问题(但非悖论)语句(比如,诚实者语句)。更重要的是,所有这些语句适合 T-模式相当于语句稳定真,以这些语句来定义真谓词符的外延应该说是符合直观的——如古普塔所言,这些语句是"真之外延(extension of truth)最好的候选者",若以它们定义"**这个唯一的**真之外延",则"我们关于真的直觉得以保全"(Gupta, 1982: 228)。

然而,第二种解释也不失为一种很好的选择。一方面,在这种解释下,T-模式不再是稳定真的,而仅仅是相对于某些修正序列是稳定真的。另一方面,适合 T-模式的语句的范围却进一步扩大了,扩大到不但包含前面提到的所有语句,而且还包括类型 (b)、(c)、(d) 的语句。在这一选择下,如古普塔所指出的,T-模式确实能够"一致地得以保留"(Gupta, 1982: 228)。①

因而,如果要最大可能地保持 T-模式成立,真谓词符的解释应为第二个谓词。而且这也是修正理论关于真概念所能作出的范围最大的解释。如古普塔所指出的,一旦超出了这个范围,"即使付出局部可确定性的代价,我们也不再

① 但为此必须以违反"真之局部可确定性"(local determinability of truth)这一直观原则作为代价。

能够保证 T-模式或其他语义法则成立。即使仅承认一个起点 [指初始假设]，我们也不再能够消除真之外延候选者的多样性”。因为“只要悖论类型的语句出现在语言中，为真所给出的规则就不再固定真的一个唯一外延”。对于悖论语句，“我们的理论可以预言，T-模式和语义法则不能成立”（Gupta, 1982: 229, 232）。

总结上面的论证已经看到，在以经典逻辑作为赋值规则的前提下，借助修正序列，只要把真谓词符解释为相对于某修正序列稳定真的，真之外延能够确定下来，并且 T-模式对于除悖论语句之外的所有语句都成立。可以说，修正理论既保留住了语义经典性，又在稳定真的意义下实现了语义封闭性，即形式语言可包含它自身的“稳定真”谓词。在保留经典性这一点上，如贝尔纳普在对古普塔修正理论进行评论时所指出的那样，尽管经典的“二值性”在古普塔修正理论中的“作用是非实质性的”，任何人都可基于“多值语义”或者其他任何非经典的语义把这一理论进行推而广之，“它 [古普塔修正理论] 容许我们把真理论建立在通常的二值语义之上，而不需要玩弄任何技巧（无需克林的强、弱三值表，无需超赋值，只需那绝对无疑的经典二值语义），这是古普塔理论所取得的辉煌成就之一”（Belnap, 1982: 113）。

§2.4 相对化 T-模式

本节将通过分析以上三个真理论对 T-模式的使用揭示出，虽然塔斯基、克里普克和赫茨伯格、古普塔等在他们的理论中都试图保持 T-模式这一“真概念的共识和日常用法”，但是他们实际上还是对 T-模式作出了某种改变，而一旦对这些改变作出抽象概括，就可以在相对化的意义上来使用 T-模式，这便是本书用来替代塔斯基 T-模式的一个新模式：相对化 T-模式。笔者还将概述这一替代所引发出的一系列结果。

2.4.1 T-模式的相对化

按照塔斯基的构想，真理论的基本目标就是要相对于任何一门语言定义出符合 T-模式的真概念。而根据塔斯基定理，实现这一目标的主要困难在于：对那些足够丰富的语言，其中真之规定是不可能同时满足语义上的“经典性”和“封闭性”的。为了克服这一困难，塔斯基放弃了语义封闭性，对语言进行分层，在高一级的语言中规定低一级语言中的真谓词。克里普克则实现了在语言内部规定其自身的真谓词，代价是对经典性的放弃。而赫茨伯格、古普塔给出了一种折衷方案，既使经典性得以保存，又使语义封闭性在特定的意义下得到满足。这是由塔斯基定理发展出来的三个主要真理论的要点，前面已对此进行了阐述。

由此，笔者想把注意力集中于塔斯基提出的 T-模式，进一步澄清这个模式在以上三个不同理论中的表现。通过考虑 T-模式在这些理论中的实际用法，笔者将表明 T-模式在所有这些理论中并不是以塔斯基原先提出的那种方式被使用的，而是以一种涉及特定可能世界（及特定通达关系）的方式来被使用的。进而，笔者将指出一旦放弃这些可能世界（及通达关系）的特定约束，就可获得关于真谓词的一个新原则：相对化 T-模式。

首先，在塔斯基的语言层次理论中，真概念是按形式语言的层次逐层进行规定的：对第 n 层语言 $\mathfrak{L}_n$ 中的语句，谓述它的真谓词属于第 $n+1$ 层语言，其符号表示为 T_{n+1}。因而，如命题 2.1.1 所示，真谓词实际随语言的层次 $\mathfrak{L}_0$、$\mathfrak{L}_1$、$\mathfrak{L}_2$ 等相应地区分为 T_1、T_2、T_3 等。按此分层思想，塔斯基 T-模式说的实际上是：语句 A 在阶为 $n+1$ 的语言 $\mathfrak{L}_{n+1}$ 中被断定为 T_{n+1}，当且仅当语句 A 在阶为 n 的语言 $\mathfrak{L}_n$ 中为 T_n。因而 T-模式实际被表述为

$$X_m \models T_m\ulcorner A\urcorner \overset{m=n+1}{\Longleftrightarrow} X_n \models A。$$

可把语言 $\mathfrak{L}_n$ 看作是一个可能世界，这样，在 T-模式中就牵涉可数多个可能世界：$\mathfrak{L}_n$ $(n \in \mathbb{N})$。如果规定这些可能世界之间具有后继关系 S：$\mathfrak{L}_n\, S\, \mathfrak{L}_m$，当且仅当 $m = n+1$，并用 $\mathcal{K}_0$ 表示论域为集合 $\{\mathfrak{L}_n \mid n \in \mathbb{N}\}$ 通达关系为 S 的框架，

那么上一模式等价于

$$T_m\ulcorner A\urcorner \text{ 在 } \mathfrak{L}_m \text{ 为真} \xLeftrightarrow{\mathfrak{L}_n\, S\, \mathfrak{L}_m} A \text{ 在 } \mathfrak{L}_n \text{ 为真。} \tag{2.2}$$

由此看来，虽然塔斯基坚称关于真的定义应遵循他所提出的 T-模式，但是即便是在他自己的理论中，T-模式也并不是按照原先的意图出现的，而是以一种隐蔽的形式被改头换面了：真和语言的层次性暗藏了某些具有特定通达关系的可能世界，而塔斯基的 T-模式正是相对于这些可能世界重新进行了调整。

如果说塔斯基对其 T-模式的调整是以隐蔽的形式进行的，那么克里普克、赫茨伯格等对 T-模式的修改可说是公开的。在对真谓词进行构造时，他们都明确地以下面的说法作为基本原则（Kripke, 1975: 68；Herzberger, 1982b: 137）：

> 如果一个语句在一个阶段是真的，那么它在下一阶段就被断定为真；反之，如果一个语句在一个阶段是假的，那么它在下一阶段就被断定为假。

实际上，虽然归纳构造序列和修正序列所涉及的真值赋值模式有所不同，在极限阶段的设置也有一定的差异，但是这两种序列在后继阶段所作的每次“跳跃”或“修正”都直接体现了上一原则。下面在不涉及极限阶段的情况下考虑具有可数无穷个阶段的真谓词的逼近序列。对任意自然数 n，将用 s_n 表示归纳构造序列或修正序列的第 n 个阶段。

就克里普克的归纳构造序列而言，如定理 2.2.1 的第二个证明中的构造及跳跃算子的定义 2.2.3 所示，$X_{n+1} = J(X_n)$ 表示的就是如果一个语句在阶段 s_n 是真的，那么它在阶段 s_{n+1} 就被断定为真；反之，如果一个语句在阶段 s_n 是假的，那么它在阶段 s_n 就被断定为假。当然，由于克里普克的跳跃算子具有单调性，因此上述表示实际上相当于“一旦语句被断定为真或为假，在更高的阶段它始终保持其真值”。由此可见，真谓词符在归纳构造过程中是按下面的模式来出现的（$F\ulcorner A\urcorner$ 表示 A 被断定为假）：

$$X_n \models A \quad \xRightarrow{m>n} \quad X_m \models T\ulcorner A\urcorner,$$

$$X_n \Vdash A \overset{m>n}{\Longrightarrow} X_m \models F\ulcorner A\urcorner,$$

直观而言，上面的两个式子相当于说

$$A \text{ 在 } s_n \text{为真} \overset{s_n\,\overline{S}\,s_m}{\Longrightarrow} T\ulcorner A\urcorner\text{在 } s_m\text{为真}, \tag{2.3}$$

$$A \text{ 在 } s_n \text{为假} \overset{s_n\,\overline{S}\,s_m}{\Longrightarrow} T\ulcorner A\urcorner\text{在 } s_m\text{为假。} \tag{2.4}$$

其中 s_m、s_n 限制论域为所有 s_n ($n \in \mathbb{N}$) 构成的集合通达关系为 $\bar{S}$ 的框架 $\mathcal{K}_1$ 中，$\bar{S}$ 的规定是：$s_n\,\bar{S}\,s_m$，当且仅当 $m > n$。这便是克里普克对 T-模式所作出的修改。

至于赫茨伯格、古普塔的修正序列或半归纳构造过程也是类似的，但需注意修正算子不再是单调的，从第 n 阶段到第 $n+1$ 阶段，不论是在定义 2.3.1、定义 2.3.2 中，还是在定义 2.3.4 中，真谓词符的角色都实际表现为下面的模式：

$$T\ulcorner A\urcorner \text{ 在 } s_m \text{ 为真} \overset{s_n\;S\,s_m}{\Longleftrightarrow} A \text{ 在 } s_n \text{ 为真}, \tag{2.5}$$

其中 s_m、s_n 限制在这样的框架 $\mathcal{K}_2$ 中，其论域为所有 s_n ($n \in \mathbb{N}$) 构成的集合，而通达关系为后继关系 S：$s_n\,S\,s_m$，当且仅当 $m = n + 1$。

需要注意的是，在以上使用阶段来构造真谓词的过程中，除了那些有问题的自指语句之外，其他语句在充分大的阶段之后都会获得一个稳定的真值，这在归纳构造过程中表现为不动点的达到，在修正序列中表现为巨环的周期性出现。粗略地说，会出现这样一个阶段 s_∞①，使得对应于式子 (2.3) 和 (2.4)，下面的式子成立：

$$A \text{ 在 } s_\infty \text{ 为真} \Longleftrightarrow T\ulcorner A\urcorner \text{ 在 } s_\infty \text{ 为真}, \tag{2.6}$$

$$A \text{ 在 } s_\infty \text{ 为假} \Longleftrightarrow T\ulcorner A\urcorner \text{ 在 } s_\infty \text{ 为假。} \tag{2.7}$$

① 这样一个阶段通常是超穷的，这里作为一种启发性的措施，笔者没有特别明确这样一个阶段具体的序数。 但正如不动点定理和巨环定理的证明所示的，这样的序数总是存在的。

或对应于式子 (2.5), 下面的式子成立:

$$T\ulcorner A\urcorner \text{ 在 } s_\infty \text{ 为真} \iff A \text{ 在 } s_\infty \text{ 为真。} \tag{2.8}$$

阶段 s_∞ 的特别之处在于, 它好比维特根斯坦的“脚手架”, 一旦达到, 人们就可以弃之而不顾, 而认为 T-模式对于相关的语句免于阶段地成立了。人们之所以没有意识到 T-模式的上述修改, 大概就是因为 T-模式在最终阶段实则被去除了其阶段性。

我们看到, 在塔斯基、克里普克、赫茨伯格、古普塔等的理论中, 虽然他们都声称其构造是基于 T-模式的, 但是 T-模式在他们的理论中实际上都以涉及特定可能世界的形式出现。① 这些可能世界具有某些哲学含义: 它们有时是具有一定层次的语言, 有时又是构造的各个阶段等。但从逻辑的角度看, 它们无非是谈论语句真假的一种参照点而已。于是, 作为一种技术上的推广, 所有这些满足特定关系的可能世界集可一般化为具有二元关系 R 的可能世界集 (或点集) W。相应地, 不论是式子 (2.2), 式子 (2.3) 和式子 (2.4), 还是式子 (2.5), 都可被抽象为下面的形式:

$$T\ulcorner A\urcorner \text{在 } v(\text{为真}) \overset{u\,R\,v}{\iff} A \text{ 在 } u\ (\text{为真}) \tag{R}$$

其中, u、v 是 W 中满足 $u\,R\,v$ 的任意两个可能世界。以后把这个模式称为 T-模式在框架 $\langle W, R\rangle$ 上的**相对化**, 简称为**相对化 T-模式**。

值得指出的是, Leitgeb(2001) 中相对化 T-模式已被作为翻译的一个必要语义条件而提出, 但其研究侧重于语言真谓词的构造, 与本书应用这个模式研究真理论悖论的矛盾性截然不同。另外, Halbach(2003; 2009) 也给出了一个类似

① 这里顺便指出, 塔斯基原先的 T-模式并不是在直观上显然的, 恰恰相反, 它似乎与我们的直观的某些方面是相反的。除了涉及真谓词的悖论之外, 麦吉 (McGee, 1992: 238) 提供了一个很重要的证据: 在通常的算术理论中, 对任何一个语句, 无论它多么荒谬或多么不确定 (比如, 不可判定), 都存在这样的语句, 使得这个语句的 T-模式特例与先前的那个语句是逻辑等价的。

的模式，但它与相对化 T-模式并不相同，且被用于解释必然性谓词（而非真谓词），可参见文 Hsiung(2009) 的讨论。

前面提到，塔斯基关于真之定义的思想来自亚里士多德的如下观点："把是说成不是，把不是说成是，这是假；把是说成是，把不是说成不是，这是真。"在这点上，可以把 T-模式的相对化思想归结为这样一种看法：把在某个可能世界中是的东西说成在这个可能世界通达的任何可能世界中不是，把在某个可能世界中不是的东西说成在这个可能世界通达的任何可能世界中是，这是假；把在某个可能世界中是的东西说成在这个可能世界通达的任何可能世界中是，把在某个可能世界中不是的东西说成在这个可能世界通达的任何可能世界中不是，这是真。不妨把这一看法称为是**亚里士多德真的相对化**，把其中的真称为是**相对化真**。

对相对化真的哲学反思也许还要假以时日，这里关注的是这一观念能为我们带来哪些逻辑或数学上的新结果。如笔者在导论中所指出的那样，我们将用相对化真取代亚里士多德真，换言之，用相对化 T-模式替代塔斯基 T-模式作为真谓词的新原则，对塔斯基定理和真理论悖论重新作出探索，看看真理之路通往何方。我们的目的，如克里普克所言，是想发展出"一个在形式结构和数学性质上都足够丰富的领域"，并由此把握我们关于真概念的一些"重要直觉"(Kripke, 1975: 62-63)。

2.4.2　塔斯基定理的推广

作为 T-模式的一种替代，我们提出了相对化 T-模式。我们所面临的第一个问题就是在塔斯基定理的证明中，用相对化 T-模式代替 T-模式会发生什么情况。回答是：说谎者语句是否导致矛盾取决于相对化 T-模式中的可能世界按通达关系可否形成特定的循环。可以说，在满足相对化 T-模式的前提下，说谎者语句只有在特定的循环性条件下才会导致矛盾。其他悖论对象也是类似的：任何悖论对象在用于证明塔斯基定理中，只有相对化 T-模式中的可能世界满足特定的条件——通常是特定的循环性条件，矛盾才会从这个悖论对象中产生出来。而且不同的悖论对象，导致矛盾的条件可能会有所不同。在相对化 T-模式下，针对特定的悖论对象确定其产生矛盾的条件，并比较不同悖论产生矛盾循环性条件的强弱，就构成了悖论的刻画和比较问题，它们是本书考虑的基本问题。我们得到了一系列的结果，本节由简单到复杂地列举主要的结果，并简要说明其背后的思想。

首先说明用相对化 T-模式替代 T-模式之意。前面看到，在赋予谓词符 T 外延的情况下，可按下面的方式在 $\mathfrak{L}^+$ 中引入 T-模式：对特定范围的任何语句 A, $T\ulcorner A\urcorner$ 真，当且仅当 A 真。现在，为了能用相对化 T-模式代替 T-模式，谓词符 T 很自然应相对于可能世界按照特定通达关系形成的某个框架进行解释。具体而言，在特定的框架 K 下，必须针对其论域中每个可能世界都指定 T 的一个外延。在此情况下，我们把 T 解释为从 K 的论域到自然数的幂集的函数 t。这样，相对化 T-模式可按照下面的形式规定出来：对 K 论域中任意可能世界 u,v, 如果 uRv, 那么必定有 $T\ulcorner A\urcorner$ 在 $t(v)$ 上为真，当且仅当 A 在 $t(u)$ 上为真。对某个公式集 Σ, 用 $T(\Sigma,\mathcal{K})$ 表示不论如何解释 T, 上面的规定不可能对 Σ 中所有公式都成立。

作为一个简单的例示，考虑说谎者语句。仍用 L 表示定理 2.1.1 证明中的 $B(\boldsymbol{m})$。因为 L 所断定者不是别的，正是它自己的否定，故而仍如先前那样，可以证明 L 与 $\neg T\ulcorner L\urcorner$ 逻辑等值，即对 K 论域中任意可能世界 u, L 在 u 上为真，当且仅当 $\neg T\ulcorner L\urcorner$ 在 u 上为真。运用刚刚规定的相对化 T-模式，立刻可以得到：

(1) 若 L 在一个可能世界中为真，则它在这个可能世界通达的任何可能世界中都为假；

(2) 若 L 在一个可能世界中为假，则它在这个可能世界通达的任何可能世界中都为真。

事实上，可以证明 $T(L,\mathcal{K})$ (即 $T(\{L\},\mathcal{K})$, 以下同) 成立，当且仅当上述两个条件不可能同时成立。

作为一种极端情况，可以考虑图 1-1 中的框架 $\mathcal{K}_1$。注意，这个框架中的可能世界 u 通达它自己。在框架 $\mathcal{K}_1$ 中，上面提到的两个条件分别等价于：若 L 在 u 中为真，则 L 在 u 中为假；若 L 在 u 中为假，则 L 在 u 中为真。这当然是明显自相矛盾的。在这里，矛盾的出现并不陌生：当出现可能世界通达它自身时，相对化 T-模式实则退化为塔斯基原先的 T-模式，此时，说谎者语句不过以可能世界参与的形式重演了说谎者悖论中推出矛盾的常规论证。在这个意义下，塔斯基定理可简单地表述为 $T(L, \mathcal{K}_1)$。

再考虑图 1-1 中的框架 $\mathcal{K}_2$。注意，这个框架中有两个可能世界 v_1, v_2，它们相互通达对方，此外别无其他通达关系。在这个框架中，可以验证 $T(L, \mathcal{K}_2)$ 成立，当且仅当下述两个条件不可能同时成立：L 在 v_1 中为真，则 L 在 v_2 中为假；L 在 v_1 中为假，则 L 在 v_2 中为真。与先前在 $\mathcal{K}_1$ 中出现的情况不同，当对谓词符 T 在 v_1, v_2 上给予适当的外延时，上述两个条件完全可以同时得到满足。比如，可以这样来解释 T，使得它在 v_1 上的外延包含 L 的哥德尔编码，但它在 v_2 上的外延不含 L 的哥德尔编码。注意，此时 L 在 v_1 上为假，但在 v_2 上为真。因而，上述两个条件同时得到了满足。当然，也可以让 T 在 v_1 上的外延不含 L 的哥德尔编码，但它在 v_2 上的外延包含 L 的哥德尔编码。无论如何，$T(L, \mathcal{K}_2)$ 不再成立，换句话说，在框架 $\mathcal{K}_2$ 中，只需对 T 适当地指派各可能世界上的外延，L 就不会再导致任何矛盾。

因而，在配以经典语义的语言 $\mathfrak{L}^+$ 中，一旦用相对化 T-模式替代 T-模式，一方面，L 保有了其悖论性的基本特征：在 T-模式（即相对化 T-模式在 $\mathcal{K}_1$ 中的退化）下，它必导致矛盾；另一方面，L 还显示了它之矛盾性并非是不可避免的：在某些框架中，的确可以通过适当地解释真谓词符，使得这样一个语句不会产生任何语义上的矛盾。总之，作为一个悖论语句，说谎者语句 L 在相对化 T-模式下表现出了这样一种特性：它的确具有矛盾，但其矛盾并不是绝对的，而是相对的。简言之，说谎者语句具有特定的**相对矛盾性**。

根据以上示例可以看出，$T(\Sigma, \mathcal{K})$ 之意相当于在相对化 T-模式下，Σ 用于塔斯基定理的证明必然会导致矛盾。当 $T(\Sigma,\mathcal{K})$ 成立时，可以称 Σ 在框架 $\mathcal{K}$ 中是**矛盾的**，并称那些使 Σ 矛盾的框架为 Σ 的**刻画框架**。

定理 2.4.1(定理 3.1.1) 对任意框架 $\mathcal{K}$，L 在 $\mathcal{K}$ 中是矛盾的，当且仅当 $\mathcal{K}$ 中含有奇循环。

可以从两个方面来看待这个结论。一方面，如前所述，塔斯基定理相当于说 L 在图 1-1 所示的框架 $\mathcal{K}_1$ 中是矛盾的，而它则完全确定了 L 发生矛盾的所有框架，从而明确了当用说谎者语句去证明塔斯基定理时，矛盾出现的所有可能场合。这也可看作是对塔斯基定理的一种推广或者加强。另一方面，它还表明了说谎者语句矛盾的出现与循环性相关。这可看作是明确了说谎者语句的矛盾性与循环性的内在关联。在以上两个方面，上面的结论无论是对进一步深入研究塔斯基定理，还是探究真理论悖论的特性都提供了广阔的空间，并为一系列的问题（比如，悖论与循环的关联）埋下了伏笔。

在第一个方面，可一般性地提出这样的问题：对任何悖论的 Σ，确定它的刻画框架。当然，下一个较为简单的悖论实例就是佐丹卡片悖论。当把佐丹卡片序列（记为 C）用于塔斯基定理的证明中时，它发生矛盾的情况又是怎样的呢？由此发现，佐丹卡片序列的矛盾性与说谎者语句的矛盾性有所不同。

定理 2.4.2(定理 3.2.1) $T(L,\mathcal{K})$ 蕴含 $T(C,\mathcal{K})$，但反之不然。亦即，若说谎者语句在一个框架中是矛盾的，则佐丹卡片序列在这个框架中也必定是矛盾的，但反之不然。

这个结论表明佐丹卡片序列（注意，两个语句作为一个整体）和说谎者语句同为悖论对象，都具有相对矛盾性，但它们的相对矛盾性有所不同：佐丹卡片出现矛盾的条件严格地弱于说谎者出现矛盾的条件。在这个意义上，可以说佐丹卡片的矛盾程度要高于说谎者的矛盾程度。因此，这表明在相对化 T-模式下，不同的悖论用于塔斯基定理的证明的确产生了值得关注的现象。在这一点上，我们证明了如下普遍的结论。

定理 2.4.3(定理 3.3.1) 对任意正整数 $n=2^i(2j+1)$，n-卡片序列在一个

框架中是矛盾的，当且仅当这个框架中含有高度不能被 2^{i+1} 整除的循环。

给定两个语句集，如果它们满足如下条件：当一个语句集在一个框架中是矛盾的时，另一个语句集在同样的框架中也必定是矛盾的，那么可称前一语句集的**矛盾程度弱于**后一语句集。进而，若两个语句在矛盾程度上相互弱于对方，则称它们的矛盾程度相同。

定理 2.4.4(定理 3.3.2)　对任意正整数 n, m，n-卡片序列的矛盾程度弱于 m-卡片序列的矛盾程度，当且仅当 $(n)_2 \leqslant (m)_2$，其中，$(n)_2$ 表示 n 的素数分解式中 2 的重数（即 2 的最高幂次）。

由于循环的长度总是有穷的，所以根据卡片序列的刻画结论，还可推知这些序列是“紧致的”。

定理 2.4.5(推论 3.3.2)　每个卡片序列在下述意义上是紧致的：它在某个框架中是矛盾的，则它必定在这个框架的某个有穷子框架中是矛盾的。

以上结论所涉及的是一些有穷元悖论，这些结论将在第三章前三节中得到证明。在第三章最后一节，将考虑一个典型的无穷元悖论：亚布洛悖论。

定理 2.4.6(定理 3.4.1) 亚布洛序列与说谎者语句具有同等矛盾性。

同时还证明亚布洛序列是非自指的。在第四章，还将把定理 2.4.6 推广为下面更一般的结果。

定理 2.4.7(命题 4.2.1、命题 3.4.1、定理 4.2.1)　对所有 $n \geqslant 1$，n-行亚布洛式矩阵与 n-卡片悖论序列具有相同的矛盾程度，但前者是非自指的，而后者是自指的。

从以上的讨论不难发现，有穷的悖论序列必然都是自指的，很自然产生这样的问题：是否存在有穷但非自指的悖论序列？这就把悖论矛盾性的刻画问题引向了更加深入的方向，问题的范围从具体的某类悖论扩展为比较抽象的类别。这就是前面提到的悖论与循环性的关联的问题。第四章对诸如此类的问题进行回答。为了使问题尽可能地简化，我们在一个命题逻辑语言中来讨论有关的问题。悖论与自指的一个基本关联如下。

定理 2.4.8(定理 4.2.2) 有穷悖论都是自指的。

与此平行的是，还考虑了悖论与循环性的关系。规定一个公式集是依赖循环的 ——如果它只在含有循环 (除了那种框架中非出现不可的循环之外) 的框架中是矛盾的，否则就称为是循环独立的。在这点上，超穷赫茨伯格悖论的矛盾性耐人寻味。一个基本的发现如下。

命题 2.4.9(命题 4.3.1、4.3.2) 超穷赫茨伯格悖论和麦吉悖论在非良基的框架中都是矛盾的。

定理 2.4.9 表明有穷元悖论与循环性有不可分割的联系。

定理 2.4.10(定理 4.3.1) 有穷悖论都是循环依赖的。

通过建立上述结论，我们希望揭示出自指性与循环性之于悖论实际上是完全不同的两个概念：前者就其本质而言是对语句本身的性质，而后者则是语句发生矛盾的条件。亚布洛悖论和无穷元赫茨伯格悖论的出现可看作是悖论自指性与循环性不能等同的一个证据：前者表明悖论序列即使是非自指的也仍然可以是循环依赖的，而后者则表明悖论序列自指但却是循环独立的。

相比于前面提到的其他悖论，超穷赫茨伯格悖论还有一个重要特征，那就是它可以在一个无穷框架中出现矛盾，但却不会在这个框架的任何有穷子框架中出现矛盾。简言之，超穷赫茨伯格悖论不具有紧致性：其矛盾不一定是有穷产生的，而是与无穷有关联 (推论 4.3.1)。从以上对各种悖论的讨论中，可以看出它们在真理论中的角色。

在展开以上讨论之后，笔者还提出了许多待解的问题。比如，命题 2.4.9 所陈述的是超穷赫茨伯格出现矛盾的一个充分条件，它出现矛盾的充要条件尚未确定。这就是超穷赫茨伯格的矛盾性刻画问题，类似的刻画问题还有许多。我们还关注悖论矛盾性的代数问题，比如，悖论矛盾性是否是稠密的：两个悖论，若其矛盾程度一弱一强，是否存在一个悖论，其矛盾程度严格地居于前两个悖论的矛盾程度之间；悖论矛盾性是否是无界的：是否总是有悖论，其矛盾程度可严格地强于或弱于已知的悖论的矛盾性？如此等等这样的问题。这些问题势必会把对真理论悖论的探索引入更深更广的领域。最后，让我们引用维特根斯坦的一段话来作为对工作的一个总结：

> 事实上，眼下我甚至可以预言一个时代的到来，到那时将会出现关于“含矛盾”的演算这种数学研究，人们将会为从一致性的桎梏中解放出来而感到欣慰（Wittgenstein, 1975: 322）。

第三章

真理论悖论的刻画和比较 *

本章分析若干典型的真理论悖论用于塔斯基定理的证明时矛盾发生的情况，从而对这些悖论的相对矛盾性作出刻画，并对它们之间矛盾程度的强弱进行比较。前三节所讨论的是有穷元悖论，主要包括说谎者悖论及其卡片变形。最后一节则集中于一个无穷元悖论：亚布洛悖论。本章所有的工作都在语言 $\mathfrak{L}^{+}$ 中完成。

§3.1 说谎者悖论的刻画

本节将在相对化 T-模式下，分析说谎者悖论用于塔斯基定理证明时的矛盾情况，为分析其他真理论悖论用于塔斯基定理时的矛盾性提供一个典型的实

* 本章前两节的内容部分取自笔者论文 (熊明，2008)，部分取自 (熊明，2010)，3.3 节的内容取自 Hsiung(2013b)。3.4 节的内容取自 Hsiung(2013a)。

例。

3.1.1 塔斯基定理与说谎者悖论

根据第二章的阐述，将用相对化 T-模式取代 T-模式，然后考虑在塔斯基定理的证明中说谎者悖论发生矛盾的框架条件。定义 3.1.1 是定义 2.1.4 的一般化，其中在对谓词符 T 进行解释时，决定性的条件由原先的 T-模式变为相对化 T-模式。

定义 3.1.1 给定语句集 Σ 及框架 $\mathcal{K}=\langle W,R\rangle$。从 W 到 $\mathbb{N}$ 的幂集 $\mathscr{P}(\mathbb{N})$ 的映射 t 被称为是 T 在 $\mathcal{K}$ 中相对于 Σ 的**真谓词实现**，如果

$$t(v)\models T\ulcorner A\urcorner \overset{u\,R\,v}{\Longleftrightarrow} t(u)\models A \tag{R$'$}$$

对 Σ 中的任何语句 A 都成立。

为简单起见，以后将用 $T(\Sigma,\mathcal{K})$ 表示命题"T 在 $\mathcal{K}$ 中相对于 Σ 的真谓词实现**不存在**"，它的直观意思是：在满足相对化 T-模式的前提下，Σ 在应用于塔斯基定理的证明时，必然会导致矛盾。特别地，当 Σ 包含 $\mathfrak{L}^+$ 所有语句时，又记 $T(\Sigma,\mathcal{K})$ 为 $T(\mathfrak{L}^+,\mathcal{K})$; 当 Σ 是单元集 $\{A\}$ 时，又记 $T(\Sigma,\mathcal{K})$ 为 $T(A,\mathcal{K})$。注意，若 $\Sigma\subseteq\Sigma'$，$\mathcal{K}$ 是 $\mathcal{K}'$ 的子框架，则 $T(\Sigma,\mathcal{K})$ 必蕴涵 $T(\Sigma',\mathcal{K}')$。

不难看出，当 $\mathcal{K}$ 是极小自返框架时，T 在 $\mathcal{K}$ 中相对于 Σ 有真谓词实现，当且仅当 T 相对于 Σ 有真谓词解释。此时，可以认为相对化 T-模式此时退化为 T-模式。由此，可以把塔斯基定理表述为 $T(\mathfrak{L}^+,\mathcal{K})$ 对任何极小自返框架 $\mathcal{K}$ 都成立。更精细一点，前面证明的定理 2.1.1 实际是 $T(L,\mathcal{K})$ 对任何极小自返框架 $\mathcal{K}$ 都成立。一般地，我们有以下定理。

定理 3.1.1 对任意框架 $\mathcal{K}$，$T(L,\mathcal{K})$ 成立，当且仅当 $\mathcal{K}$ 含有奇循环。

定理 3.1.1 表明，当用相对化 T-模式取代 T-模式后，说谎者语句 L 在且仅在含有奇循环的框架中才会导致矛盾。因极小自返框架中含有（唯一）的循环是长度为 1 的循环，所以这个结论一般性地解释了 $T(L,\mathcal{K})$ 对极小自返框架成立的原因，对塔斯基定理作出了推广或加强。

定理 3.1.1 证明的基本思想是把它化归为图论的着色问题予以解决。

定义 3.1.2 给定框架 $\mathcal{K}$, 映射 τ: $\{L\} \to \mathscr{P}(W)$ 如果满足:

$$v \notin \tau(L) \overset{u\,R\,v}{\Longleftrightarrow} u \in \tau(L),$$

那么称 τ 为 L 在 $\mathcal{K}$ 中的一个**可容许指派**。

引理 3.1.1 对任意框架 $\mathcal{K}$, $T(L, \mathcal{K})$ 成立, 当且仅当 L 在 $\mathcal{K}$ 中没有可容许指派。

证明

首先假设 t 是 T 在 $\mathcal{K}$ 中相对于 L 的真谓词实现, 则可规定 τ: $\{L\} \to \mathscr{P}(W)$ 如下: $\tau(L) = \{u \in W \mid t(u) \models L\}$。但定理 2.1.1 的证明表明对任何 $X \subseteq \mathbb{N}$, $X \not\models T\ulcorner L \urcorner$, 当且仅当 $X \models L$。由定义 3.1.1 立知 τ 是 L 在 $\mathcal{K}$ 中的一个可容许指派。

反之, 设 τ 是 L 在 $\mathcal{K}$ 中的一个可容许指派, 规定 t: $W \to \mathscr{P}(\mathbb{N})$ 如下: 对任意 $u \in W$, $t(u) = \{\ulcorner L \urcorner \mid u \in \tau(L)\}$。容易验证这样规定的 t 是 T 在 $\mathcal{K}$ 中相对于 L 的真谓词实现。 ■

下面的着色概念来自图论。

定义 3.1.3 框架 $\mathcal{K}$ 上的一个着色 c 指的是从 W 到 $\{0, 1\}$ 的一个函数, 它满足: 对 W 中任何相邻的两点 u、v, $c(u) \neq c(v)$ 都成立。

引理 3.1.2 对任意框架 $\mathcal{K}$, L 在 $\mathcal{K}$ 中存在可容许指派, 当且仅当 $\mathcal{K}$ 上存在着色。

证明

首先, 假定 τ 是 L 在 $\mathcal{K}$ 中的可容许指派, 定义 c: $W \to \{0,1\}$ 如下:

$$c(w) = \begin{cases} 1, & \text{若 } w \in \tau(L); \\ 0, & \text{若 } w \notin \tau(L)。 \end{cases}$$

对 W 中相邻的两点 u、v, 如果 $c(u) = 1$, 亦即 $u \in \tau(L)$, 那么根据可容许指派的定义, 不论 $u\,R\,v$ 成立, 还是 $v\,R\,u$ 成立, $v \notin \tau(L)$ 总成立, 此即 $c(v) = 0$。类似地, 如果 $c(u) = 0$, 那么有 $c(v) = 1$。因而, 可断定 c 是 $\mathcal{K}$ 的一个着色。

反过来，假设 c 是 $\mathcal{K}$ 的着色，则可规定 τ: $\{L\} \to \mathscr{P}(W)$ 如下：

$$\tau(L) = \{w \in W \mid c(w) = 1\}。$$

对任何 $u, v \in W$，若 $u R v$，则由 $u \in \tau(L)$，有 $c(u) = 1$，于是 $c(v) = 0$，得到 $v \notin \tau(L)$。类似地，由 $u \notin \tau(L)$ 可推知 $v \in \tau(L)$。所以，τ 是 L 在 $\mathcal{K}$ 中的可容许指派。 ■

引理 3.1.3　对任意框架 $\mathcal{K}$, $\mathcal{K}$ 上存在着色，当且仅当 $\mathcal{K}$ 不含奇循环。

在证明之前，需要引入连通性概念。一个框架如果其中任意两点都有路连接，那么称之为是**连通的**。框架的**连通分支**指的是它得满足如下条件的子框架：它本身是连通的并且任何真包含它的子框架都不是连通的。

证明

注意，框架上存在着色，当且仅当它的每个连通分支都存在着色。另外，框架中不含奇循环，当且仅当它的每个连通分支中都不含有奇循环。因而，引理 3.1.3 可对连通的框架证明即可。下面假定框架 $\mathcal{K} = \langle W, R\rangle$ 是连通的。在框架 $\mathcal{K} = \langle W, R\rangle$ 中，取定两点 u、v，规定它们之间的**距离**（记号：$\mathrm{d}(u, v)$）为从 u 到 v 的路的最短长度。

首先，如果 $\mathcal{K}$ 含奇循环，即存在数 k，使得序列 $w_1 w_2 \cdots w_{2k+1} w_1$ 是 $\mathcal{K}$ 的一个循环，那么对任何 $\mathcal{K}$ 中的着色 c，显然有 $c(w_1) = 0$，当且仅当 $c(w_1) = 1$。但这是不可能的，因而，$\mathcal{K}$ 中无着色。

反之，假设 $\mathcal{K}$ 不含奇循环，可在 W 中随意取定一点，设为 u，令

$$\begin{aligned} X &= \{w \in W \mid \mathrm{d}(u, w)\text{是偶数}\}, \\ Y &= \{w \in W \mid \mathrm{d}(u, w)\text{是奇数}\}。\end{aligned}$$

由 $\mathcal{K}$ 的连通性，可知 $W = X \cup Y$，又显然有 $X \cap Y = \varnothing$。这样，可定义从 W 到 $\{1, 0\}$ 的一个函数 c 如下：

$$c(w) = \begin{cases} 0, & \text{若 } w \in X; \\ 1, & \text{若 } w \in Y。\end{cases}$$

下一论断表明 c 是 $\mathcal{K}$ 上的一个着色。

论断：X 中任何两点都不是相邻的，Y 中任意两点亦然。

下面只证 X 中任何两点都不相邻。假设不然，即可在 X 中取得相邻的两点 w_1、w_2。令 $u\cdots w_i$ 是连接 u 和 w_i 的一条最短路 $(i=1,2)$。请注意，每条路中的点都是不重复的。则因 $w_1 \neq w_2$，故必存在点 v，使得它是上述两条路的最后一个公共点。具体而言，路 $u\cdots w_i$ 可表示为 $u\cdots v_i\cdots w_i$，其中 $u\cdots v_1$ 与 $u\cdots v_2$ 是同一路（因而，$v_1=v_2=v$），而路 $v_1\cdots w_1$、$v_2\cdots w_2$ 没有公共点。

注意到 $\mathrm{d}(u,w_i)$ 对 $i=1,2$ 都是偶数，路 $v_1\cdots w_1$ 和 $v_2\cdots w_2$ 的长度必定是同奇偶的，这样就得到了一个长度为奇数的路 $v\cdots w_1\cdots w_2\cdots v$，其中的点显然是不重复的，因而该路就是一个奇循环，这一假设矛盾。 ■

值得指出的是，引理 3.1.3 是一个纯粹的图论命题。实际上，它等价于图论中如下基本定理：一个图是二分的，当且仅当它不含奇循环。上面对引理 3.1.3 的证明正是模仿了这一定理的证明 (Diestel, 2000: 15)。至此，可以看出定理 3.1.1 是引理 3.1.1 和引理 3.1.2 及引理 3.1.3 的一个直接结果。

3.1.2 相对矛盾性

前面提到，记号 $T(L,\mathcal{K})$ 所表示的是这样一个陈述：T 在框架 $\mathcal{K}$ 中相对于说谎者语句 L 没有真谓词实现。这相当于说，在 $\mathcal{K}$ 中 T 不可能按相对化 T-模式进行解释，否则语句 L 必然会导致矛盾。在相对化 T-模式的前提下，可以认为 $T(L,\mathcal{K})$ 所表示的就是 L 在 $\mathcal{K}$ 中是矛盾的。下面的定义一般性地表述了这一点。

定义 3.1.4 对公式集 Σ 和框架 $\mathcal{K}$ 而言，如果 $T(\Sigma,\mathcal{K})$ 成立，那么就称 Σ 在 $\mathcal{K}$ 中是**矛盾的**；否则称为是**一致的**。

定理 3.1.1 可表述为：说谎者语句在并且只在含奇循环的框架中是矛盾的。按引理 3.1.1，也可以说，说谎者语句的“一致的”可容许指派出现并且也只能出现在不含奇循环的框架中。这揭示了说谎者语句的特性：它含有矛盾，但其矛盾仅仅在某些场合才是不可避免的。在这一点上，可以认为说谎者语句具有一定的矛盾性，但与那些自相矛盾（绝对的矛盾，或在任何场合都不可避免的矛盾）的语句相比，它所具有的矛盾性不是绝对的、无条件的，而是具有一定的“相对性”。

还需要注意的是，说谎者语句的相对矛盾性是通过框架尤其是框架中的二元关系的特征来得到刻画的，即说谎者语句作为一个悖论语句其矛盾的“相对性”就在于其矛盾性只会出现在含奇循环的框架中。在这里，说谎者的相对矛盾性就与一种特定的循环 ——奇循环 ——联系在一起：它显示了说谎者语句出现矛盾的所有可能场合。可以说，奇循环正是导致说谎者语句发生矛盾的本质条件。可见，说谎者语句的悖论性的确与循环是密不可分的。

历史上，有许多人都把说谎者语句悖论性所在归结为循环的出现，其中最有名的当属罗素。罗素承袭了彭加勒的思想，在其《数学原理》中为悖论之解决提出了著名的“恶性循环原理”：一切悖论都根源于其中出现的恶性循环，要消除悖论必须禁止恶性循环。然而，罗素等对其所谓的循环并没有一个严格的界定，充其量不过相当于定义中被定义项与定义项的相互指对，兹引证两段文字如下：“如果在某个类构成一整体的前提下它包含了只能用这个整体才可定义的元素，那么这里说到的类将不会构成一个整体。”“所有的悖论都源自于这样的事实，指称某个类的整体的表达式自己又表示这个类中某个元素。”(Russell, 1925: 63,101) 而罗素所谓的“恶性循环原理”实际上是对他所指的循环的一条禁令：凡有定义项与被定义项相互指对的定义，不论它是一个类还是一个属性或者一个语句，都必须被禁止。

就处理说谎者悖论而言，按照“恶性循环原理”，为了“去除”这个悖论，必须禁止一切可能的循环。这样的处理未免过于“泛化矛盾”了，有批评者就指责罗素的做法简直是“因噎废食”（cut off his nose to spite his face）—— 把说谎者悖论排除掉了，却把一些类似的但正常的语句也一并排除掉 (Haack, 1978: 142)。例如，考虑下面一个语句：

$$\text{语句 (3.1) 有七个汉字。} \tag{3.1}$$

同说谎者语句类似，它明显包含了罗素所言之循环，但其意义明确，真值固定（为真），恐怕没有人会顺罗素之意认定它有“恶性循环”而应被排除掉。在这点上，就“恶性循环原理”对悖论的处理而言太过于宽泛了。

更值得注意的是，罗素的“恶性循环原理”体现了人们贯有的对悖论语句的态度：悖论语句是“病态的”，它必有其“病根”，它之矛盾应被“避免”“禁止”或者“消除”。一言以蔽之，悖论语句实际被当作不受欢迎的甚至是令人反感的对象。这其实已成为悖论研究的一个共识，处理悖论的方案层出不穷，但其中的绝大多数都持有上述对悖论“先诊断后治疗”的态度，这一点在第二章所介绍的三个真理论中体现得非常明显，在此不赘述。

这里提及罗素的“恶性循环原理”是想表明两点：第一，说谎者悖论的产生的确与循环性是相关的，但切不可泛化循环性，把它任意推广到其他悖论上。定理 3.1.1 已经表明，说谎者悖论出现的先决条件与特定的循环性相关，而且只与这种循环性相关。后面将反复看到，大多数的悖论也都以特定的循环性作为充要条件，不同的悖论所对应的循环性可能是不同的。因此，那种试图以循环性统一地“排除”所有悖论的想法不是“因噎废食”把一些本不该排除的排除掉了，就是“跳出油锅却入火坑”(jump out of the frying pan into the fire) (Haack, 1978: 139)，即一些该排除掉的却不能被排除掉。

事实上，定理 3.1.1 已经表明了哪些循环对于说谎者悖论来说是恶性的。

定义 3.1.5 一个循环如果它使得说谎者语句在包含该循环的任何框架上都是矛盾的，那么就称该循环对说谎者语句是**恶性的**，否则称之为**良性的**。

下面一个结论是对定理 3.1.1 的等价表述，但它更侧重于表达说谎者悖论与循环之间的内在联系。

定理 3.1.2 循环对说谎者语句是恶性的，当且仅当这个循环是奇循环。■

所以，如果真要禁止说谎者悖论中的矛盾，不用跟所有的循环过不去，而应该把矛头对准那些奇循环，因为只有这些循环才会引起说谎者悖论。也就是说，为了防止说谎者语句出现语义矛盾，需并且也只需避开奇循环。所以，正如定理 3.1.2 所言，如果真有对说谎者语句“恶性”的循环，那么这些循环就是也只能是这些奇循环。唯有它们才真正是“恶性循环原理”适用于说谎者悖论时所应禁止的循环。

还要指出的是，“恶性循环原理”背后的那种视悖论为“疾病”的态度其实是没来由的。我们承认悖论中含有矛盾，而且在某些场合下，矛盾还是不可避免的，同时也认可矛盾的出现为逻辑所不容。然而，就因为含有矛盾，我们就有理由认为悖论是一种“病态”，而千方百计地拒斥它？有定理 3.1.1 为证，这种看法很明显是武断的。仅就说谎者悖论而言，其矛盾的出现非但不是什么“病态”，而且还是一种“常态”，即在特定场合必然出现的事态。更为重要的是，说谎者恰恰是通过其出现矛盾的场合来决定其悖论特性之所在的。

推而广之，我们既然都承认悖论是这样的一种论证，“它始于明显可接受的前提，通过一些明显有效的推理规则，最终止于矛盾”（Chihara, 1979: 590），为何反而把矛盾的出现看成是悖论中发生的反常现象，甚至视之为悖论的“症状”？显然，对悖论所持的这种弥漫着强烈医药味的观点无疑是本末倒置，不但误把体现悖论本质的东西当作有害的“病灶”，还妄图“切除”之。

因而必须强调，本书对说谎者悖论的处理不但在技术上与传统的处理不同，而且在方法论上也与主流观点完全相反。在笔者看来，矛盾的出现之于悖论并不是“病态”的显现，而恰恰是悖论本性的表现。在考虑悖论时，矛盾出现的场合非但不被拒斥，反而成为决定悖论本性的参照。因而对悖论产生的矛盾，大可不必有避之不及的恐惧，而要竭力去确定悖论中出现矛盾的所有场合，以便对悖论的矛盾本性有完全的刻画。

前面对说谎者悖论的处理充分体现了上述思想。为突出体现这一思想，我们把那些使说谎者语句矛盾的框架称为它的**刻画框架**。这样的话，说谎者出现矛盾的所有场合正是通过说谎者语句的刻画框架类来得到表达的。而定理 3.1.1 恰恰表明说谎者语句所有的刻画框架就是含奇循环的框架。这就等于对说谎者的悖论特性 ——相对矛盾性 ——进行了完全的刻画。在这个意义上，可把定理 3.1.1 看作是说谎者相对矛盾性的刻画定理。

以后将会看到，不单只是对说谎者悖论，对于其他任何真理论悖论都有相应的刻画框架类来决定其矛盾相对性。在这个意义上，无论是什么悖论，它为悖论的特征就表现为它所特有的那种矛盾相对性。通过确定悖论的刻画框架来决定悖论特有的矛盾相对性，是悖论研究必须面对的新任务。

§3.2 说谎者悖论与佐丹卡片悖论的比较

本节将按照 3.1 节同样的方法来处理佐丹卡片悖论，主要的目的是证明：在用于塔斯基定理的证明中，佐丹卡片序列与说谎者语句矛盾出现的情况有所不同，前者不出现矛盾时，后者一定也不会出现矛盾，但反过来，前者出现矛盾的时候后者却可能没有矛盾。

3.2.1 矛盾程度的强弱

本节主要考虑的悖论是佐丹卡片悖论，我们试图把它与说谎者悖论的矛盾程度进行比较。首先把这个悖论中的两个语句形式化到语言 $\mathfrak{L}^+$ 中，令

$$C(x) = \forall y\ (D(x,y) \to \neg T\ulcorner T(y)\urcorner),$$

设 m 是 $C(x)$ 的哥德尔编码，记语句 $C(\boldsymbol{m})$ 为 C_1，再记 $T\ulcorner C_1\urcorner$ 为 C_2。下面的结论表明语句 C_1 声明 C_2 为假，而 C_2 则声明 C_1 为真，因而它们可分别看作是语句 (1.2-1) 和 (1.2-2) 在 $\mathfrak{L}^+$ 的表达。以后，记集合 $\{C_1, C_2\}$ 为 C。

引理 3.2.1 对任何 $X \subseteq \mathbb{N}$，都有

$$X \models C_1 \iff X \not\models T\ulcorner C_2\urcorner, \tag{3.2-1}$$

$$X \models C_2 \iff X \models T\ulcorner C_1\urcorner。 \tag{3.2-2}$$

证明

式子 (3.2-2) 是显然的。注意，$X \models C_1$，当且仅当 $X \models D(\boldsymbol{m},\boldsymbol{n}) \to \neg T\ulcorner T(\boldsymbol{n})\urcorner$ 对任意 $n \in \mathbb{N}$ 都成立。亦即，当 $d(m,n)$ 时，$X \models \neg T\ulcorner T(\boldsymbol{n})\urcorner$。

根据 d 的定义，可以得到：$X \models C_1$，当且仅当 $X \models \neg T\ulcorner C_2 \urcorner$。因而，式 (3.2-1) 得证。 ■

以下便是说谎者悖论与佐丹卡片悖论相对矛盾性的比较定理，它表明了佐丹卡片悖论用于塔斯基定理证明时，其矛盾性对框架结构的依赖情况。

定理 3.2.1 对任意框架 $\mathcal{K}$，若 $T(L,\mathcal{K})$ 成立，则 $T(C,\mathcal{K})$ 一定也成立，但反之不然。

作为示例，考虑这样一个框架 $\mathcal{K} = \langle W, R\rangle$，其中 $W = \{0,1\}$，$R = \{\langle 0,1\rangle, \langle 1,0\rangle\}$。这个框架中不含任何奇循环，因而 $T(L,\mathcal{K})$ 不成立（亦可根据满足 $\tau(L) = \{0\}$ 的 τ 显然是 L 在 $\mathcal{K}$ 中的一个可容许指派看出这一点）。然而，不难验证 $T(C,\mathcal{K})$ 成立。

定理 3.2.1 表明与说谎者悖论的情况类似，当佐丹卡片悖论用于证明塔斯基定理时，相应的归谬过程是否出现矛盾仍然依赖于框架中是否包含特定的循环。不同的是，使佐丹卡片悖论出现矛盾的循环真包含使说谎者悖论出现矛盾的循环：当说谎者悖论出现矛盾时，佐丹卡片悖论必定也出现矛盾，反之却未必。换言之，说谎者悖论和佐丹卡片悖论虽然同为悖论，但是它们的**矛盾程度**有所不同：佐丹卡片悖论的矛盾程度要高于说谎者悖论的矛盾程度。简单地说，佐丹卡片序列比说谎者语句“更矛盾”。这是通过分析塔斯基定理获得的新观点。

下面一般性地给出悖论之间进行矛盾程度比较的概念。

定义 3.2.1 设 Σ, Γ 为两个语句集，如果任何使得 Σ 矛盾的框架必定使得 Γ 也是矛盾的，那么称 Σ **在矛盾程度上不强于** Γ（记为 $\Sigma \lesssim \Gamma$，亦可称 Γ **在矛盾程度上不弱于** Σ）。如果它们在矛盾程度上相互不强于对方，则称它们的**矛盾程度相同**（记为 $\Sigma \approx \Gamma$）。如果 Σ 在矛盾程度上不强于 Γ 但两者矛盾程度不同，那么称 Σ **在矛盾程度上（严格地）弱于** Γ（记为 $\Sigma < \Gamma$，亦可称为是 Γ **在矛盾程度上（严格地）强于** Σ）。

注意，两个序列如果矛盾程度相同，那么它们同是悖论或同是非悖论的。从悖论性的这个特点来看，矛盾程度相同的两个序列可看作是等价的。事实上，容易验证矛盾程度相同确实是一种等价关系。

根据定理 3.2.1，还可以对佐丹卡片序列和说谎者语句的恶性循环进行比较。首先，类似于说谎者语句的情形，可定义一个循环对佐丹卡片序列是**恶性的**，当且仅当佐丹卡片序列在任何包含这一循环的框架上是矛盾的。

推论 3.2.1 对说谎者语句恶性的循环对佐丹卡片序列也都是恶性的，但反之不一定。 ■

同处理说谎者悖论类似，我们对佐丹卡片悖论引入相应的可容许指派。

定义 3.2.2 给定框架 $\mathcal{K}$，映射 τ: $C \to \mathscr{P}(W)$ 如果满足：

$$v \in \tau(C_1) \overset{uRv}{\Longleftrightarrow} u \notin \tau(C_2), \tag{3.3-1}$$

$$v \in \tau(C_2) \overset{uRv}{\Longleftrightarrow} u \in \tau(C_1)。 \tag{3.3-2}$$

那么称 τ 为 C 在 $\mathcal{K}$ 中的一个可容许指派。

在可容许指派中，我们实际对佐丹卡片序列作出了如下的规定：

(1) 如果语句 (1.2-1) 在一个点为真 (分别地，为假)，那么语句 (1.2-2) 在这个点可通达的任何点都为假 (分别地，为真)；

(2) 如果语句 (1.2-2) 在一个点为真 (分别地，为假)，那么语句 (1.2-1) 在这个点可通达的任何点都为真 (分别地，为假)。

值得指出的是，这两个条件也是赫茨伯格提出的 (Herzberger, 1982a: 489)。但笔者对这两个条件的使用不同于赫茨伯格的做法：赫茨伯格只关注真值在各个点上周期性轮转的规律，而笔者所关心的不是真值，而是点与点之间的关系与悖论发生矛盾的关联。

引理 3.2.2 对任意框架 $\mathcal{K}$，$T(C,\mathcal{K})$ 成立，当且仅当 C 在 $\mathcal{K}$ 中没有可容许指派。

证明

类似引理 3.1.1 的证明。例如，若 τ 是 L 在 $\mathcal{K}$ 中的一个可容许指派，则可规定 t: $W \to \mathscr{P}(\mathbb{N})$ 如下：对任意 $u \in W$，

$$t(u) = \{\ulcorner C_i \urcorner \mid u \in \tau(C_i),\ i = 1, 2\}。$$

可以验证 t 就是 T 在 $\mathcal{K}$ 中相对于 C 的一个真谓词实现。 ■

3.2.2 框架的 $\mathbb{N}_4$-着色

为了证明定理 3.2.1，我们仍然要使用图论的着色技术。对任何 $m \geqslant 1$，令 $\mathbb{N}_m = \{i \mid 0 \leqslant k < m\}$。在 $\mathbb{N}_m$ 上定义二元运算 $+_m$ 如下：对每个 $1 \leqslant i, j \leqslant m$，$i +_m j$ 等于满足 $0 \leqslant k < m$ 和 $i + j \equiv k (\bmod m)$ 的唯一的自然数 k。运算 $-_m$ 类似定义。

在本节我们主要考虑的是 $\mathbb{N}_4 = \{0, 1, 2, 3\}$。下面规定一种特定的点着色。

定义 3.2.3　给定框架 $\mathcal{K}$，如果映射 c: $W \to \mathscr{P}(\mathbb{N}_4)$ 对任意 k 满足：

(1) 对任意 $u \in W$，$k \in c(u) \iff k +_4 2 \notin c(u)$；

(2) 对满足 uRv 的任意 $u, v \in W$，$k \in c(u) \iff k +_4 1 \in c(v)$，

那么就称 c 是 $\mathcal{K}$ 上的一个 $\mathbb{N}_4$-**着色**。

在四色谱 $\mathbb{N}_4$ 中，0 和 2 可看作是“互补”的颜色，1 和 3 亦然。一方面，互补的颜色不相协调，不能同时用于对一个点的着色；另一方面，互补的颜色是非此即彼，任何一个点的着色必用其一，这是条件 (1) 所要求的。另外，$\mathbb{N}_4$ 中的四种颜色形成一个链式循环（图 3-1）。条件 (2) 规定了在已对一个点着好色的情况下，这个点可通达的点必须着前点所着颜色的“后继”颜色。例如，如果一个点被着上颜色 1，则它可通达的点必须着上颜色 2。

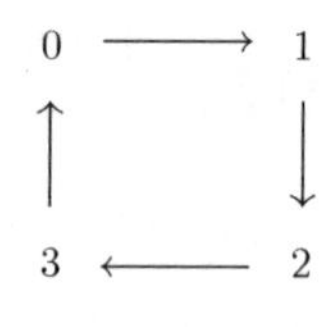

图 3-1　$\mathbb{N}_4$-着色

还要注意，在条件 (1) 下，条件 (2) 等价于一个形式上稍弱的条件：$k \in c(u) \Rightarrow k{+_4}1 \in c(v)$。这是因为如果 $k \notin c(u)$，那么由条件 (1)，可知 $k{+_4}2 \in c(u)$，于是 $(k +_4 2) +_4 1 \in c(v)$。但是 $(k +_4 2) +_4 1 = (k +_4 1) +_4 2$，因此，再根据条件 (1)，即得 $k +_4 1 \notin c(v)$。

引理 3.2.3　对任意框架 $\mathcal{K}$, C 在 $\mathcal{K}$ 中存在可容许指派，当且仅当 $\mathcal{K}$ 上存在 $\mathbb{N}_4$-着色。

证明

（充分性）假设 c 是 $\mathcal{K}$ 上的一个 $\mathbb{N}_4$-着色，定义 $\tau: C \to \mathscr{P}(W)$ 如下：对 $k=1,2$, $\tau(C_k)=\{u\in W \mid k\in c(u)\}$。以下设定 uRv。首先，按定义 3.2.3 之第二个条件，有 $2\in c(v) \Longleftrightarrow 1\in c(u)$，这相当于 $v\in\tau(C_2) \Longleftrightarrow u\in\tau(C_1)$。其次，仍按定义 3.2.3 之第二个条件，有 $1\in c(v) \Longleftrightarrow 0\notin c(u)$。但右边按定义 3.2.3 之第一个条件，等价于 $2\notin c(u)$。所以，$1\in c(v)\Longleftrightarrow 2\notin c(u)$。此即 $v\in\tau(C_1)\Longleftrightarrow u\notin\tau(C_2)$。所以，$\tau$ 是 C 在 $\mathcal{K}$ 上的一个可容许指派。

（必要性）假设 τ 是 C 在 $\mathcal{K}$ 上的一个可容许指派，定义 $c: W\to\mathscr{P}(\mathbb{N}_4)$ 如下：

$$c(u)=\{0\leqslant k\leqslant 1 \mid u\in\tau(C_{k+1})\}\cup\{2\leqslant k\leqslant 3 \mid u\notin\tau(C_{k-1})\},$$

下面 c 是 $\mathcal{K}$ 上的一个 $\mathbb{N}_4$-着色。

首先验证 c 满足定义3.2.3之第一个条件。当 $0\leqslant k\leqslant 1$ 时，注意到 $(k+_4 2)-1=k+1$。按 c 的定义，$k\in c(u)$，当且仅当 $u\in\tau(C_{k+1})$；同时，$k+_4 2\in c(u)$，当且仅当 $u\notin\tau(C_{k+1})$。此时，可以得到 $k\in c(u)$，当且仅当 $k+_4 2\notin c(u)$。当 $2\leqslant k\leqslant 3$ 时，容易验证 $(k+_4 2)+1=k-1$。仍按 c 的定义，$k\in c(u)$，当且仅当 $u\notin t(k-1)$；同时还有 $k+_4 2\in c(u)$，当且仅当 $u\in\tau(C_{k-1})$。仍然得到 $k\in c(u)$，当且仅当 $k+_4 2\notin c(u)$。

接下来验证定义 3.2.3 之第二个条件。设 $k\in c(u)$。如果 $k=0$，则由 c 的定义，有 $u\in\tau(C_1)$。根据 (3.3-1)，得 $v\in\tau(C_2)$。再由 c 的定义，就得到 $1\in c(v)$。如果 $k=1$，则 $u\in\tau(C_2)$，于是，$v\notin\tau(C_1)$。因此，$2\in c(v)$。如果 $k=2$，则 $u\notin\tau(C_1)$，于是，$v\notin\tau(C_2)$。因此，$3\in c(v)$。最后，如果 $k=3$，则 $u\notin\tau(C_2)$，于是，$v\in\tau(C_1)$。因此，$0\in c(v)$。 ■

为了证明定理 3.2.1，我们还需要进一步努力。首先注意在有向路上，点与点之间的 $\mathbb{N}_4$-着色信息相互之间是容易推算出来的。下面的事实根据 $\mathbb{N}_4$-着色的规定容易验证，其证略。

引理 3.2.4　设 c 是有向路 $\xi = u_0 u_1 \cdots u_l$ 上的一个 $\mathbb{N}_4$-着色，则 $c(u_l) = \{l +_4 k \mid k \in c(u_0)\}$。■

下面给出框架的一种变形：对其中两点之间的方向进行逆向操作，但又不改变整体上 $\mathbb{N}_4$-着色的存在性。

定义 3.2.4　令 u, v 是 $\mathcal{K}$ 中满足 $u R v$ 的两点。规定框架 $\mathcal{K}' = \langle W', R' \rangle$ 如下：

$$
\begin{aligned}
W' &= W \cup \{v_1, v_2\}, \\
R' &= (R \setminus \{\langle u, v \rangle\}) \cup \{\langle v_k, v_{k+1} \rangle \mid 0 \leqslant k < 3\},
\end{aligned}
$$

其中，v_1 和 v_2 是两个不出现在 W 的新点，约定 $v_0 = v$，$v_3 = u$。称 $\mathcal{K}'$ 是 $\mathcal{K}$ 的关于 $\langle u, v \rangle$ 的一个回退。

例如，在图 3-2 中，框架 $\mathcal{K}^{(2)}$ 是 $\mathcal{K}$ 关于 $u R v$ 的一个回退。

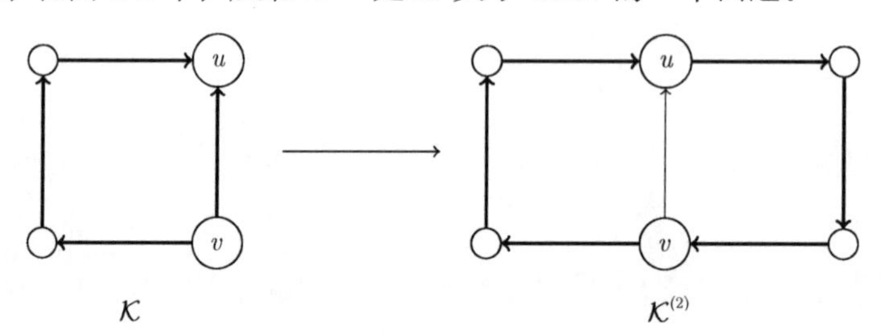

图 3-2　框架回退示例

引理 3.2.5　设 $u R v$，并令 $\mathcal{K}'$ 是 $\mathcal{K}$ 的关于 $\langle u, v \rangle$ 的一个回退。则 $\mathcal{K}$ 上存在 $\mathbb{N}_4$-着色，当且仅当 $\mathcal{K}'$ 上存在 $\mathbb{N}_4$-着色。

证明

首先设 c' 是 $\mathcal{K}'$ 上的一个 $\mathbb{N}_4$-着色，规定 c 为 c' 在 W 上的限制。立见 c 是 $\mathcal{K}$ 上的一个 $\mathbb{N}_4$-着色。

反之，设 c 是 $\mathcal{K}$ 上的一个 $\mathbb{N}_4$-着色，规定集合 $W \cup \{v_1, v_2\}$ 上的映射 c' 如下：对 $u \in W$，$c'(u) = c(u)$，并且对 $i = 1, 2$，$c'(v_i) = \{i +_4 j \mid j \in c(u)\}$。下面

证明 c' 是 $\mathcal{K}'$ 上的一个 $\mathbb{N}_4$-着色。为此，只需验证定义 3.2.3 的两个条件为 c' 所满足。

首先，对 $0 \leqslant i, k \leqslant 3$，由 c' 之规定，$k \in c'(v_i)$，当且仅当 $k -_4 i \in c(u)$；同时，$k +_4 2 \notin c'(v_i)$，当且仅当 $(k +_4 2) -_4 i \notin c(u)$。因 c 是 $\mathcal{K}$ 上的一个 $\mathbb{N}_4$-着色，可得 $k -_4 i \in c(u)$，当且仅当 $(k -_4 i) +_4 2 \notin c(u)$。但是，$(k +_4 2) -_4 i = (k -_4 i) +_4 2$。因此，得到 $k \in c'(v_i)$，当且仅当 $k +_4 2 \notin c'(v_i)$。这验证了定义 3.2.3 的第一个条件。其次，注意到 $k +_4 1 \in c'(v_{i+1})$，当且仅当 $(k +_4 1) -_4 (i+1) \in c(u)$。但 $(k +_4 1) -_4 (i+1) = k -_4 i$，故上一等值式右边等价于 $k -_4 i \in c(u)$。因此，$k \in c'(v_i)$，当且仅当 $k +_4 1 \in c'(v_{i+1})$。定义 3.2.3 的第二个条件对 c' 成立。 ■

框架中的路可以被看作是框架的一个子框架，由此上面规定的回退变形可以很自然地推广到路上。下面的结论表明对一条路连续施行回退变形，这条路最终必定变为有向路。

定义 3.2.5 令 $\xi = u_0 u_1 \cdots u_l$ 是 $\mathcal{K}$ 中的一条路，如果存在最小的自然数 k 使得 $0 \leqslant k < l$ 但 $u_k R u_{k+1}$ 不成立（因而，$u_{k+1} R u_k$ 必成立），那么令 ξ' 是 ξ 关于 $\langle u_{k+1}, u_k \rangle$ 的一个回退；否则，令 $\xi' = \xi$。再作归纳定义：$\xi^0 = \xi$，且对 $i \geqslant 0$，$\xi^{i+1} = \left(\xi^i\right)'$。

引理 3.2.6 设 ξ 是 $\mathcal{K}$ 中一条从 u 到 v 的路，则对于每个 $i \in \mathbb{N}$，ξ^i 也是一条从 u 到 v 的路，且满足 $h(\xi^i) \equiv h(\xi) \pmod 4$；并且必定存在数 $i \in \mathbb{N}$，使得 ξ^i 是有向路（从而，对任意 $j \geqslant i$，$\xi^j = \xi^i$）。

证明

注意到 ξ' 是一条从 u 到 v 的路及 $h(\xi') - h(\xi) \equiv 0 \pmod 4$，由此对 k 施归纳不难证明引理 3.2.6 的前半部分。在 $\xi = u_0 u_1 \cdots u_l$ 中，如果存在自然数 $0 \leqslant k < l$ 使得 $u_k R u_{k+1}$ 不成立，那么称 u_k 是 ξ 中的一个坏点。令 i 为 ξ 中的坏点个数。注意当 $i > 0$ 时，ξ' 中的坏点个数必然比 ξ 中的坏点个数少 1。因而，不难看出 ξ^i 中的坏点个数恰好等于 0。此时，ξ^i 显然就是一条有向路。 ■

引理 3.2.7 如果 $\mathcal{K}$ 中含有高度不能被 4 整除的循环，那么 $\mathcal{K}$ 上不存在 $\mathbb{N}_4$-着色。

证明

设 ξ 是 $\mathcal{K}$ 中一循环，由引理 3.2.5 及 3.2.6 可知，必定存在 $\xi^* = u_0^* u_1^* \ldots u_l^*$，使得 ξ^* 是有向循环，$h(\xi^*) \equiv h(\xi) \pmod 4$，并且 ξ^* 与 ξ（作为 $\mathcal{K}$ 的子框架）上同时存在或同时不存在 $\mathbb{N}_4$-着色。又设 ξ 的高度不能被 4 整除，则 ξ^* 亦如此。注意到 ξ^* 的高度即其长度，因而，可设 $l = 4j + k$，其中，$j, k \in \mathbb{N}$，$j \geqslant 0$ 且 $0 < k < 4$。

假设 $\mathcal{K}$ 上存在 $\mathbb{N}_4$-着色，则 ξ 上也存在 $\mathbb{N}_4$-着色，因而，ξ^* 上存在 $\mathbb{N}_4$-着色。令 c 为 ξ^* 上一 $\mathbb{N}_4$-着色，则必定存在 $0 \leqslant i < 4$，使得 $i \in c(u_0^*)$。当 $k = 1$ 时，由引理 3.2.4，可得 $i +_4 1 \in c(u_l^*)$，亦即 $i +_4 1 \in c(u_0^*)$。再一次利用引理 3.2.4，又可得到 $i +_4 2 \in c(u_l^*)$，亦即 $i +_4 2 \in c(u_0^*)$。类似地，当 $k = 2$ 或 3 时，反复利用引理 3.2.4，从 $i \in c(u_0^*)$ 仍然可推出 $i +_4 2 \in c(u_0^*)$。但 c 满足定义 3.2.3 第一个条件，矛盾。 ■

最后，可以证明定理 3.2.1。事实上，对任意框架 $\mathcal{K}$，如果说谎者悖论中 $\mathcal{K}$ 上矛盾，那么由定理 3.2.1，可知 $\mathcal{K}$ 必定含有奇循环。当然，$\mathcal{K}$ 必定含有高度不能被 4 整除的循环。根据引理 3.2.2、引理 3.2.3 和引理 3.2.7，立即得到佐丹卡片悖论在 $\mathcal{K}$ 上也是矛盾的。

顺便指出，引理的逆命题也是成立的，由此，我们可以确定佐丹卡片悖论发生矛盾的框架恰好就是含有高度不能被 4 整除的框架。我们将在下一节证明更一般的结论。

§3.3 卡片悖论的刻画与比较

本节把前面两节的结论进行一般性的推广，我们要解决所有卡片悖论相对矛盾性的刻画和它们之间相对矛盾性的强弱比较。

3.3.1 卡片序列的推广及其分类

卡片序列可进一步推广如下。对任何正整数 n，考虑如下语句序列：

$$\text{语句 } (n_n) \text{ 为 } \varepsilon_1, \tag{n_1}$$

$$\text{语句 } (n_1) \text{ 为 } \varepsilon_2, \tag{n_2}$$

$$\cdots\cdots$$

$$\text{语句 } (n_{n-1}) \text{ 为 } \varepsilon_n\text{。} \tag{n_n}$$

其中 $\varepsilon_1, \varepsilon_2, \cdots, \varepsilon_n$ 要么为 0 （真），要么为 1（假）。这个序列在 $\mathfrak{L}^+$ 中的形式化如下。

考虑公式

$$\forall y\ (D(x,y) \to \neg^{\varepsilon_n} T \ulcorner \cdots \neg^{\varepsilon_2} T \ulcorner \neg^{\varepsilon_1} T(y) \urcorner \cdots \urcorner), \tag{3.4}$$

其中，$\neg^{\varepsilon} B$ 表示 B（当 $\varepsilon = 0$ 时），或表示 $\neg B$（当 $\varepsilon = 1$ 时）。令此公式为 $A(x)$，并用 m 表示它的哥德尔编码，用 $C_n^n(\varepsilon_n)$ 表示语句 $A(\boldsymbol{m})$。对 $1 \leqslant i < n$ 归纳定义：

$$C_i^n(\varepsilon_i) = \neg^{\varepsilon_i} T \ulcorner C_{i_n^-}^n \left(\varepsilon_{i_n^-}\right) \urcorner \tag{3.5}$$

其中，i_n^- 表示 n（当 $i = 1$ 时），表示 $i - 1$（当 $1 < i \leqslant n$ 时）。引理 2.3.1 表明 $C_1^n(\varepsilon_1), C_2^n(\varepsilon_2), \cdots, C_n^n(\varepsilon_n)$ 正好依次对应语句 $(n_1), (n_2), \cdots, (n_n)$，所有这些语句构成的序列用 $C^n(\varepsilon_1, \cdots, \varepsilon_n)$ 表示。

引理 3.3.1 对任意 $X \subseteq \mathbb{N}$，对任意 $1 \leqslant i \leqslant n$，都有

$$X \models C_i^n(\varepsilon_i)\text{，当且仅当 } X \models \neg^{\varepsilon_i} T \ulcorner C_{i_n^-}^n \left(\varepsilon_{i_n^-}\right) \urcorner\text{。}$$

证明

当 $1 \leqslant i < n$ 时，由规定 (3.5) 可知，结论是显然的。另外，按 $C_n^n(\varepsilon_n)$ 的定义，$X \models C_n^n(\varepsilon_n)$，当且仅当

$$X \models D(\boldsymbol{m}, \boldsymbol{n}) \to \neg^{\varepsilon_n} T \ulcorner \cdots \neg^{\varepsilon_2} T \ulcorner \neg^{\varepsilon_1} T(\boldsymbol{n}) \urcorner \cdots \urcorner$$

对任意 $n \in \mathbb{N}$ 都成立。亦即当 $d(m,n)$ 时, $X \models \neg^{\varepsilon_n} T \ulcorner \cdots \neg^{\varepsilon_2} T \ulcorner \neg^{\varepsilon_1} T(\boldsymbol{n}) \urcorner \cdots \urcorner$。根据 d 的定义, 这又等价于 $X \models \neg^{\varepsilon_n} T \ulcorner \cdots \neg^{\varepsilon_2} T \ulcorner \neg^{\varepsilon_1} T \ulcorner C_n^n(\varepsilon_n) \urcorner \urcorner \cdots \urcorner$。再依据规定 (3.5), 就得到了 $X \models C_n^n(\varepsilon_n)$, 当且仅当 $X \models \neg^{\varepsilon_n} T \ulcorner C_{n-1}^n(\varepsilon_{n-1}) \urcorner$。 ■

注意, $C^1(1)$ 即是说谎者序列, 而 $C^2(1,0)$ 是佐丹卡片序列。另外, $C^1(0)$ 是说谎者序列的对偶, 即诚实者语句。而 $C^n(1,0,\cdots,0)$ 对应第二章规定过的 n- 卡片序列, 这个序列又将记为 C_{F}^n。对偶地, 又把序列 $C^n(0,0,\cdots,0)$ 记为 C_{T}^n。

下面将对形如 $C^n(\varepsilon_1,\cdots,\varepsilon_n)$ 的序列按照其矛盾程度进行分类。为简便起见, 将用 Z 表示序列 $C^n(\varepsilon_1,\cdots,\varepsilon_n)$, 用 Z_i 表示它的第 i 个语句, 即语句 $C_i^n(\varepsilon_i)$ $(1 \leqslant i \leqslant n)$。以下还固定了正整数 n, 因而 i_n^- 的下标 n 可省去, 又被简记为 i^-。

定义 3.3.1 Z 在 $\mathcal{K}$ 中的一个**可容许指派** τ 规定为满足如下条件的映射 τ: $Z \to \mathscr{P}(W)$ 如下: 对任意的 $1 \leqslant i \leqslant n$,

$$v \notin^{\varepsilon_i} \tau(Z_i) \xLeftrightarrow{u R v} u \in \tau(Z_{i^-}), \tag{3.6}$$

其中, $u \notin^{\varepsilon_i} X$ 表示 $u \in X$ (当 $\varepsilon_i \equiv 0 (\mathrm{mod}\ 2)$ 时), 或 $u \notin X$ (当 $\varepsilon_i \equiv 1 (\mathrm{mod}\ 2)$ 时)。

下面的结论可看作是对引理 3.2.2 的一个推广, 其证明是类似的, 细节省略。

引理 3.3.2 $T(Z,\mathcal{K})$, 当且仅当 Z 在 $\mathcal{K}$ 中没有可容许指派。 ■

关于序列 $C^n(\varepsilon_1,\cdots,\varepsilon_n)$, 一个关键的事实是把其中连续的两个语句中的真谓词替换为它们的对偶, 则不会改变序列的矛盾程度。下面严格地陈述并证明这个事实。对序列 $Z = C^n(\varepsilon_1,\cdots,\varepsilon_n)$, 对任意 $1 \leqslant j \leqslant n$, 规定 $Z^j = C^n\left(\varepsilon_1^j,\cdots,\varepsilon_n^j\right)$, 其中

$$\varepsilon_i^j = \begin{cases} 1-\varepsilon_i, & i = j \text{ 或 } i = j_n^-; \\ \varepsilon_i, & \text{否则。} \end{cases}$$

Z^j 将被称为是 Z 的 j-**变体**，并用 Z_i^j 表示 Z^j 的第 i 个语句，即 $C_i^n\left(\varepsilon_i^j\right)$。

引理 3.3.3 当 $n>1$ 时，对任意 $1\leqslant j\leqslant n$，序列 Z 与其 j-变体具有同等的矛盾程度。

证明

设 τ 是 $Z=C^n(\varepsilon_1,\cdots,\varepsilon_n)$ 在 $\mathcal{K}$ 中的可容许指派，定义映射 τ' 如下：

$$\tau'\left(Z_i^j\right)=\begin{cases} W\setminus\tau(Z_i), & i=j^-;\\ \tau(Z_i), & i\neq j^-。\end{cases}$$

往证 τ' 是 Z^j 在 $\mathcal{K}$ 中的一个可容许指派。为此，固定两点 $u,v\in W$，使得 uRv。

对任意 $1\leqslant i\leqslant n$，当 $i=j$ 时，由 $\varepsilon_i^j=1-\varepsilon_i$，有 $v\notin^{\varepsilon_i^j}\tau'\left(Z_i^j\right)$，当且仅当 $v\notin^{1-\varepsilon_i}\tau'\left(Z_i^j\right)$。再由 $i=j$，可知 $i\neq j^-$。正是在这里，条件 $n>1$ 是必不可少的。又据 τ' 的规定，得到 $v\notin^{1-\varepsilon_i}\tau'\left(Z_i^j\right)$，当且仅当 $v\notin^{1-\varepsilon_i}\tau(Z_i)$。但 τ 对 Z 是可容许的，由式子 (3.6)，右边等价于 $u\notin\tau(Z_{i^-})$。最后，再一次由 τ' 的规定，即可得到 $v\notin^{\varepsilon_i^j}\tau'\left(Z_i^j\right)$，当且仅当 $u\in\tau'\left(Z_{i^-}^j\right)$。

当 $i\neq j$ 时，不论是 $i=j^-$，还是 $i\neq j,j^-$，都可验证 $v\notin^{\varepsilon_i^j}\tau'\left(Z_i^j\right)$，当且仅当 $v\notin^{\varepsilon_i}\tau(Z_i)$。而右边又等价于 $u\in\tau(Z_{i^-})$。因此，$v\notin^{\varepsilon_i^j}\tau'\left(Z_i^j\right)$，当且仅当 $u\in\tau'\left(Z_{i^-}^j\right)$。

所以，可以断定 τ' 是 Z^j 在 $\mathcal{K}$ 中的可容许指派。这证明了 $Z^j\lesssim Z$。由此，可得到 $(Z^j)^j\lesssim Z^j$。但 $(Z^j)^j=Z$，因而 $Z\lesssim Z^j$。最后就得到了 $Z^j\approx Z$。 ■

下面为语句或语句集是否是悖论的提供一个形式标准。

定义 3.3.2 一个语句集如果它在极小自返框架上是矛盾的，那么称之为**悖论的**。① 特别是，当语句集只含有一个语句时，称此语句是悖论的。

注意，因为在极小自返框架上，相对化 T-模式退化为 T-模式，所以，说一个语句集在极小自返框架上是矛盾的，实际上相当于说它在 T-模式下可导出矛

① “悖论”一词似乎是多义的，有时我们用它来谈论语句或语句集，有时又用它来谈论语句或语句集推出矛盾的现象。相关的争议可参见 (张家龙, 2004: 194)。本书中的“悖论”一词一律用于语句或语句集。

盾。因而，这里给出的悖论性定义与直观上的悖论性相吻合：凡直观上导致悖论的语句集在定义 3.3.2 所规定的“悖论的”意义下的也一定是悖论的，反之亦然。虽然文献中有许多的悖论性定义，但这里给出的是对悖论性直观含义的直接表述。关于悖论性的其他讨论还可参见第四章。

引理 3.3.4 序列 C_{F}^{n} 是悖论的，但 C_{T}^{n} 不是。

证明

为方便起见，序列 C_{F}^{n} 中的第 i 个语句将表示为 C_i^n 以替代 $C_i^n(\varepsilon_i)$。由引理 3.3.2 可知，序列 C_{F}^{n} 在 $\mathcal{K}$ 中是一致的，当且仅当 C_{F}^{n} 在 $\mathcal{K}$ 中存在指派 τ 满足：

$$v \notin \tau(C_1^n) \quad \stackrel{uRv}{\Longleftrightarrow} \quad u \in \tau(C_n^n), \tag{3.7}$$

$$v \in \tau(C_i^n) \quad \stackrel{uRv}{\Longleftrightarrow} \quad u \in \tau\left(C_{i_n^-}^n\right) \ (1 < i \leqslant n)。 \tag{3.8}$$

由此，不难验证 C_{F}^{n} 在极小自返框架中是矛盾的，因而它一定是悖论的。

对于序列 C_{T}^{n}，它在 $\mathcal{K}$ 中一致，当且仅当 C_{T}^{n} 在 $\mathcal{K}$ 中存在指派 τ，使得对任意 $1 \leqslant i \leqslant n$，

$$v \in \tau(C_i^n(0)) \quad \stackrel{uRv}{\Longleftrightarrow} \quad u \in \tau\left(C_{i_n^-}^n(0)\right)。$$

当 $\mathcal{K}$ 是极小自返框架时，可取 C_{T}^{n} 的指派 τ，使得对所有 $1 \leqslant i \leqslant n$，都有 $\tau(C_i^n(0)) = \varnothing$（另一种选择是：$\tau(C_i^n(0)) = W$）。显然，$\tau$ 满足上面的等值式，因而 C_{T}^{n} 在 $\mathcal{K}$ 中是一致的，可以断定，C_{T}^{n} 不是悖论的。 ■

命题 3.3.1 序列 $Z = C^n(\varepsilon_1, \cdots, \varepsilon_n)$ 是悖论的，当且仅当集合 $\{1 \leqslant i \leqslant n \mid \varepsilon_i = 1\}$ 的元素个数是奇数。

证明

记 $\mathbb{N}(Z) = \{1 \leqslant i \leqslant n \mid \varepsilon_i = 1\}$，并用 $(\mathbf{Z})$ 表示 $\mathbb{N}(Z)$ 中的最大元（若 $\mathbb{N}(Z)$ 非空）；否则，无定义。用 Z' 表示 $Z^{(\mathbf{Z})}$（当 $\mathbb{N}(Z) \neq \varnothing$ 且 $(\mathbf{Z}) \neq \mathbf{1}$ 时）；否则，表示 Z。归纳定义 $Z^{(m)}$ 如下：$Z^{(0)} = Z$，$Z^{(m+1)} = \left(Z^{(m)}\right)'$。

注意，Z 与 Z' 具有相同的矛盾程度，并且 $\mathbb{N}(Z)$ 与 $\mathbb{N}(Z')$ 的元素个数具有相同的奇偶性。而且，若 $(\mathbf{Z}')$ 有定义并且大于 1 的话，则容易看出 $(\mathbf{Z}') < (\mathbf{Z})$。

现考虑序列 $Z^{(0)}, Z^{(1)}, \cdots$。由上面的事实可知，必存在数 $k \geqslant 1$，使得要么 $\mathbb{N}\left(Z^{(k)}\right) = \varnothing$，要么 $\left(\mathbf{Z}^{(\mathbf{k})}\right) = \mathbf{1}$。在前一情况下，$\mathbb{N}(Z)$ 有偶数个元素，$Z^{(k)}$ 就是序列 C^n_{T}。在后一情况下，$\mathbb{N}(Z)$ 有奇数个元素，$Z^{(k)}$ 是序列 C^n_{F}。最后，所需结论可由引理 3.3.4 导出。 ■

命题 3.3.1 是已知的结论 (陈波, 2005: 120-121)，但我们的证明是基于悖论性的严格定义，而且证明中实际建立了更强的结论，陈述如下。

命题 3.3.2 在形如 $C^n(\varepsilon_1, \cdots, \varepsilon_n)$ 的序列中，那些悖论的序列与 C^n_{F} 具有相同的矛盾程度，而那些非悖论的序列与 C^n_{T} 具有相同的矛盾程度。 ■

最后，可以断定形如 $C^n(\varepsilon_1, \cdots, \varepsilon_n)$ 的序列可分为悖论和非悖论两类，悖论序列以 C^n_{F} 为代表，而非悖论序列以 C^n_{F} 为代表。这里代表之意在于，就矛盾程度而言，C^n_{F} 代表了矛盾程度为 0 的序列，而 C^n_{F} 代表了矛盾程度大于 0 的序列。这里“为 0”“大于 0”当然是形象的说法，具体如何刻画和比较形如 C^n_{F} 的序列的矛盾程度就是下面要考虑的主要问题。以下只考虑形如 C^n_{F} 的序列。

3.3.2 框架的 $\mathbb{N}_{2n}$-着色

本小节的目标是完成 n-卡片序列的刻画工作，如同在引理 3.3.4 的证明中那样，n-卡片序列 C^n_{F} 的第 i 个语句记为 C^n_i，而这个序列本身也将简记为 C^n。本小节主要做一系列的准备工作。

回忆一下，在 3.2.2 节，我们对任何 $m \geqslant 1$，规定了 $\mathbb{N}_m = \{k \mid 0 \leqslant k < m\}$。还在 $\mathbb{N}_m$ 上定义了二元运算 $+_m$ 和 $-_m$。与之前类似，我们仍然要把逻辑问题归结为图论中的着色问题。先引进相关的着色。

定义 3.3.3 框架 $\mathcal{K}$ 上的一个 $\mathbb{N}_{2n}$-**着色**指的是映射 c: $W \to \mathscr{P}(\mathbb{N}_{2n})$，它还满足对任意 k，

(1) 对任意 $u \in W$，$k \in c(u) \iff k +_{2n} n \notin c(u)$；

(2) 对满足 $u R v$ 的任意 $u, v \in W$，$k \in c(u) \iff k +_{2n} 1 \in c(v)$。

$\mathbb{N}_{2n}$- 着色是定义 3.2.3 中 4-色谱的一般化。构造的思想类似，在此不赘述。仍需注意的是，定义 3.3.3 第二个条件中的双箭头可等价地弱化为从左到右的

单箭头。

下面从引理 3.3.5 到引理 3.3.8, 都是对前一节相应引理的推广, 其证类似, 细节一概略去。引理 3.3.5 说明 n- 卡片序列在一个框架上有无矛盾这样的逻辑问题可转换为图论中的着色存在性问题。

引理 3.3.5　n- 卡片序列在一个框架有可容许指派, 当且仅当此框架存在 $\mathbb{N}_{2n}$- 着色。 ■

两个点之间若有有向路相连, 则可计算这两点上的颜色之间的依赖关系。下面的引理给出了具体的计算方法。

引理 3.3.6　令 $\xi = u_0 u_1 \cdots u_l$ 是一条有向路, 令 c 是 ξ 的一个 $\mathbb{N}_{2n}$- 着色, 则 $c(u_l) = \{l +_{2n} k \mid k \in c(u_0)\}$。 ■

然而, 框架中的两点常常是由非有向路连接的, 在这种情况下如何计算它们上的颜色的依赖关系呢? 我们的策略是对框架中的路进行调整, 使它变为单向的, 但同时保持路中两个端点的颜色依赖关系。这种调整就是前一节规定的 "回退" 概念的推广。

定义 3.3.4　给定框架 $\mathcal{K} = \langle W, R\rangle$ 以及 W 中满足 $u\,R\,v$ 的两点 u、v。对正整数 n, 规定框架 $\mathcal{K}^{(n)} = \langle W^{(n)}, R^{(n)}\rangle$ 如下:

$$
\begin{aligned}
W^{(n)} &= (W \cup \{v_k \mid 1 \leqslant k \leqslant 2n-2\},\\
R^{(n)} &= (R \setminus \{\langle u, v\rangle\}) \cup \{\langle v_k, v_{k+1}\rangle \mid 0 \leqslant k < 2n-1\}.
\end{aligned}
$$

其中, $v_0 = v$, $v_{2n-1} = u$, 且 v_k $(0 < k < 2n-1)$ 是 $2n-2$ 个互不相同的新点。可称 $\mathcal{K}^{(n)}$ 为 $\mathcal{K}$ 的**关于** $u\,R\,v$ 的**一个** n-**回退**。特别地, 2- 回退就是定义 3.3.3 中规定过的回退。

引理 3.3.7　若 $\mathcal{K}^{(n)} = \langle W^{(n)}, R^{(n)}\rangle$ 是 $\mathcal{K} = \langle W, R\rangle$ 的关于 $u\,R\,v$ 的一个 n- 回退, 则 $\mathcal{K}^{(n)}$ 上存在 $\mathbb{N}_{2n}$- 着色, 当且仅当 $\mathcal{K}$ 上存在 $\mathbb{N}_{2n}$- 着色。 ■

定义 3.3.5　令 $\xi = u_0 u_1 \cdots u_l$ 是 $\mathcal{K}$ 中的一条路, 如果存在最小的自然数 k 使得 $0 \leqslant k < l$ 但 $u_k\,R\,u_{k+1}$ 不成立 (因而, $u_{k+1}\,R\,u_k$ 必成立), 那么令 ξ' 是 ξ 关于 $\langle u_{k+1}, u_k\rangle$ 的一个 n- 回退; 否则, 令 $\xi' = \xi$。再作归纳定义: $\xi^0 = \xi$, 且对

$i \geqslant 0, \xi^{i+1} = \left(\xi^i\right)'$。

引理 3.3.8 设 ξ 是 $\mathcal{K}$ 中一条从 u 到 v 的路，则对于每个 $i \in \mathbb{N}$, ξ^i 也是一条从 u 到 v 的路且满足 $h(\xi^i) \equiv h(\xi) \pmod{2n}$; 并且必定存在数 $i \in \mathbb{N}$, 使得 ξ^i 是有向路（从而，对任意 $j \geqslant i, \xi^j = \xi^i$）。■

以上完成了卡片悖论刻画准备工作的一个部分，这一部分的主要意图是把逻辑问题与着色问题相联系。下面转入另一部分的工作，我们主要澄清为刻画所必需的一些数论准备，主要的目的是给出带有博弈色彩的某些数（“输数”），这些数以后将用来描述卡片悖论的刻画框架中循环的高度。

对大于 1 的自然数 n，规定 $2n$-**轮盘**是这样的正 $2n$ 边形，其中，各个定点沿顺时针方向分别编以号码 0, 1, ···, $2n-1$。图 3-3 展示了 n 等于 1, 2, 3, 4 时，四种 $2n$-轮盘，其中为统一起见，还特别约定了 2-轮盘就是图中所示的“二边形”。

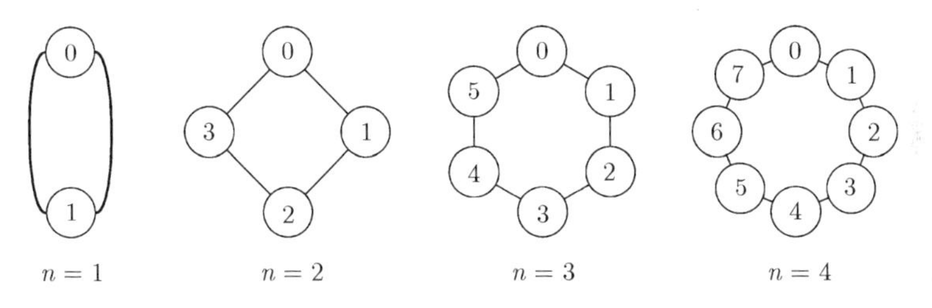

图 3-3 几个典型的轮盘

在一个 $2n$-轮盘中，对 $m \in \mathbb{N}_{2n}$，规定 m-**步（顺时针）跳跃** 为从编号为 k 的定点到编号为 $k +_{2n} m$ 的一次移动，其中 $0 \leqslant k < 2n$。两个顶点，如果它们的编号相减取绝对值刚好是 n，那么就称它们互为**对径点**。从几何上看，互为对径的两点相连刚好是 $2n$-轮盘的一条主对角线。

定义 3.3.6 对 $2n$-轮盘，数 $m \in \mathbb{N}_{2n}$ 被称为是 $2n$-轮盘的一个**输数**，如果存在数 j，使得从某一顶点出发，经过 j 次 m-步跳跃刚好移动到起点的对径点。否则的话，就称数 $m \in \mathbb{N}_{2n}$ 为 $2n$-轮盘的一个**赢数**。

比如，0 总是 $2n$-轮盘的一个赢数，1 总是 $2n$-轮盘的一个输数。注意，由

$2n$-轮盘的旋转对称性，定义 3.3.5 中“某一定点”也可以等价地换作“每一定点”。下面用 $\mathbb{L}_{2n}$ 表示全体 $2n$-轮盘的输数构成的集合，用 $\mathbb{W}_{2n}$ 表示全体 $2n$-轮盘的赢数构成的集合，两者的并当然是 $\mathbb{N}_{2n}$。

根据定义，数 $m \in \mathbb{N}_{2n}$ 是 $2n$-轮盘的一个输数，当且仅当存在两个自然数 j，k，使得 $mj = (2k+1)n$。因而，这就导出了下面的引理 3.3.9。

引理 3.3.9 数 $m \in \mathbb{N}_{2n}$ 是 $2n$-轮盘的一个输数，当且仅当存在自然数 k，使得 $m \mid (2k+1)n$，亦即 m 是 $(2k+1)n$ 的一个因子。 ■

下面来计算出 $2n$-轮盘的全部输数。

命题 3.3.3 对正整数 $n = 2^i(2j+1)$，其中，$i, j \in \mathbb{N}$，$2n$-轮盘的全部输数恰好是那些大于 0 小于 $2n$ 且不是 2^{i+1} 倍数的自然数。

证明

给定数 $0 < m < 2n$，如果 m 是奇数，那么当 $2k+1 = m$ 时，$m \mid (2k+1)n$ 成立。此时，m 是 $2n$-轮盘的一个输数。因此，$2n$-轮盘的输数至少包括 1 到 $2n$ 间的奇数。

另外，如果 m 是 2^{i+1} 的倍数，即 $2^{i+1} \mid m$，那么显然不可能存在自然数 k 使得 m 是 $(2k+1)n$ 的一个因子，因此，m 不会是 $2n$-轮盘的一个输数。

现使用数学归纳法证明对任意自然数 i，如果存在自然数 j，使得 $n = 2^i(2j+1)$，那么对任何使得 $2^{i+1} \nmid m$ 成立的数 $0 < m < 2n$，总存在自然数 k，使得 $m \mid (2k+1)n$ 成立（因而，m 是 $2n$-轮盘的一个输数。）

当 $i = 0$ 时，若数 $0 < m < 2n$ 使得 $2 \nmid m$，亦即 m 是一奇数 $2k+1$，那么显然有 $m \mid (2k+1)n$。

当 $i > 0$ 时，令数 m 满足 $0 < m < 2n$ 且 $2^{i+1} \nmid m$。显然结论对奇数之 m 成立。现令 $m = 2m'$，再令

$$n' = \frac{n}{2} = 2^{i-1}(2j+1)。$$

则假设 $2^{i+1} \nmid m$ 蕴涵 $2^i \nmid m'$。注意到 $0 < m' < 2n'$，于是，由归纳假设，从后一结论又得到存在自然数 k，使得 $m' \mid (2k+1)n'$。因此，存在自然数 k，使得

$m \mid (2k+1)\,n$。

归结起来，$2n$- 轮盘的一个输数恰好就是 1 到 $2n$ 间那些不是 2^{i+1} 倍数的自然数。 ■

推论 3.3.1 对奇数 n，$2n$-轮盘的全部输数恰好就是 1 到 $2n$ 间的所有奇数。对形如 $n = 2^i$ 的数 n，$2n$-轮盘的输数就是大于 0 小于 $2n$ 的所有整数。 ■

接下来研究赢数。首先注意，由命题 3.3.3 可知，对自然数 $n = 2^i(2j+1)$，

$$\mathbb{W}_{2n} = \left\{0, 2^{i+1}\cdot 1, 2^{i+1}\cdot 2, \cdots, 2^{i+1}\cdot 2j\right\}。$$

引理 3.3.10 (1) 两个 $2n$- 轮盘赢数之和模 $2n$ 仍为 $2n$- 轮盘赢数。

(2) 对任何 $0 \leqslant k < 2n$，k 是 $2n$-轮盘赢数，当且仅当 $2n-k$ 模 $2n$ 也是 $2n$-轮盘赢数。

证明

令 $n = 2^i(2j+1)$。固定两个 $2n$- 轮盘赢数，比如，$2^{i+1}k_1$，$2^{i+1}k_2$，其中 $0 \leqslant k_1, k_2 \leqslant 2j$。于是，存在 $0 \leqslant k \leqslant 2j$，使得 $k_1 + k_2 \equiv k\,(\bmod\ (2j+1))$。这样，

$$2^{i+1}(k_1+k_2) \equiv 2^{i+1}k\,(\bmod\ 2^{i+1}(2j+1))。$$

第一个结论因此获证。

为证第二个结论，令 $k = 2^{i+1}k'$ 是 $2n$-轮盘赢数 ($0 \leqslant k' \leqslant 2j$)，若 $k = 0$，则 $2n - k \equiv 0\,(\bmod\ 2n)$；否则的话，有 $1 \leqslant 2j+1-k' < 2j$，并且

$$2n - k \equiv 2^{i+1}(2j+1-k')\,(\bmod\ 2n)。$$

两种情况下，$2n-k$ 模 $2n$ 也是 $2n$- 轮盘赢数。

反之，假设 存在 $2n$- 轮盘赢数 k'，使得 $2n - k \equiv k'\,(\bmod\ 2n)$。那么，$k \equiv 2n - k'\,(\bmod\ 2n)$。由必要性情形，$2n-k'$ 模 $2n$ 是一个 $2n$- 轮盘赢数，因而，k 也如此。但 $0 \leqslant k < 2n$，故 k 是一个 $2n$- 轮盘赢数。 ■

从几何的角度看，引理 3.3.10 的第一个结论的意思是在 $2n$- 上顺时针跳跃，如果每次跳跃的“步伐”是两个赢数之和，那么同每次一个赢数“步伐”的跳跃

相同，这种跳跃永远也不可能跳到起点的对径点位置。而第二个结论说的是跳跃的对称性：任何顺时针跳跃与相应的反时针跳跃就是否能跳到起点的对径点位置完全等价。

定义 3.3.7 令 $n = 2^i(2j+1)$, $l \in \mathbb{N}$, 规定

$$\begin{aligned} \mathbb{W}^*_{2n} &= \{k +_{2n} r \mid k \in \mathbb{W}_{2n}, 0 \leqslant r < 2^i\}, \\ \mathbb{W}^*_{2n}(l) &= \{k +_{2n} l \mid k \in \mathbb{W}^*_{2n}\}。 \end{aligned}$$

引理 3.3.11 令 $n = 2^i(2j+1)$。对任何自然数 m, $\mathbb{W}^*_{2n}(m)$ 与 $\mathbb{W}^*_{2n}(m+n)$ 构成 $\mathbb{N}_{2n}$ 的一个**对称剖分**，亦即

(1) **剖分**：$\mathbb{W}^*_{2n}(m) \cap \mathbb{W}^*_{2n}(m+n) = \varnothing$，且 $\mathbb{W}^*_{2n}(h) \cup \mathbb{W}^*_{2n}(h+n) = \mathbb{N}_{2n}$；

(2) **对称性**：对任意 i, $i \in \mathbb{W}^*_{2n}(m) \iff i +_{2n} n \in \mathbb{W}^*_{2n}(m+n)$。

证明

对 m 施数学归纳法，首先对 $m = 0$ 情形，注意到，

$$\begin{aligned} \mathbb{W}^*_{2n}(0) &= \{2^{i+1}k + r \mid 0 \leqslant k \leqslant 2j, 0 \leqslant r < 2^i\}, \\ \mathbb{W}^*_{2n}(n) &= \{2^{i+1}k + 2^i + r \mid 0 \leqslant k \leqslant 2j, 0 \leqslant r < 2^i\}。 \end{aligned}$$

每个数都有唯一的二进制表达式，特别是 0 到 $2n-1$ 之间的每个自然数可唯一地表达为 $2^{i+1}k_1 + 2^i k_2 + k_3$，使得 $0 \leqslant k_1 \leqslant 2j$, $k_2 = 0$ 或 1，并且 $0 \leqslant k_3 < 2^i$。由此可知，$\mathbb{W}^*_{2n}(0)$ 和 $\mathbb{W}^*_{2n}(n)$ 构成了 $\mathbb{N}_{2n}$ 的一个剖分。为看出剖分的对称性，任意取定一个数 i。根据定义，由 $i \in \mathbb{W}^*_{2n}(0)$，可推知 $i +_{2n} n \in \mathbb{W}^*_{2n}(n)$。反过来，假设 $i \notin \mathbb{W}^*_{2n}(0)$，则有 $i \in \mathbb{W}^*_{2n}(n)$，因而 $i +_{2n} n \in \mathbb{W}^*_{2n}(2n)$。但 $\mathbb{W}^*_{2n}(2n) = \mathbb{W}^*_{2n}(0)$，故 $i +_{2n} n \notin \mathbb{W}^*_{2n}(n)$。

现考虑集合 $\mathbb{W}^*_{2n}(m+1)$, $\mathbb{W}^*_{2n}(m+n+1)$。容易验证：

$$\begin{aligned} \mathbb{W}^*_{2n}(m+1) &= \{k +_{2n} 1 \mid k \in \mathbb{W}^*_{2n}(m)\}, \\ \mathbb{W}^*_{2n}(m+n+1) &= \{k +_{2n} 1 \mid k \in \mathbb{W}^*_{2n}(m+n)\}。 \end{aligned}$$

显然，从几何的观点看，$\mathbb{W}_{2n}^*(m+1)$ 中的数是由 $\mathbb{W}_{2n}^*(m)$ 中的数在 $2n$-轮盘上以其中心为圆心顺时针旋转 $\frac{180^\circ}{n}$ 得到的。因而，由归纳假设可知，$\mathbb{W}_{2n}^*(m+1)$ 和 $\mathbb{W}_{2n}^*(m+n+1)$ 构成 $\mathbb{N}_{2n}$ 的一个对称剖分。 ■

至此，完成了刻画和比较卡片悖论的准备工作。

3.3.3 塔斯基定理与卡片序列

这一部分要刻画并比较 n-卡片悖论。本节总是假定 $n=2^i(2j+1)$。为简便起见，对任意一条路，如果其高度模 $2n$ 等价于某个 $2n$-轮盘输数，那么称之为 $\mathbb{L}_{2n}$-**型路**。引理 3.3.12 把 $\mathbb{N}_{2n}$-着色与 $2n$-轮盘赢数联系在一起。

引理 3.3.12 一个框架，若其上存在 $\mathbb{N}_{2n}$-着色，则其中不含 $\mathbb{L}_{2n}$-型循环。

证明

首先，设框架 $\mathcal{K}$ 存在 $\mathbb{N}_{2n}$-着色但 $\mathcal{K}$ 含高度为 h 的循环 ξ，这里 h 模 $2n$ 等价于某个 $2n$-轮盘输数。则由引理 3.3.8 可知，存在自然数 i，使得 ξ^i 是一有向循环。因 $h(\xi^i)\equiv h(\xi) \pmod{2n}$，$\xi^i$ 的高度模 $2n$ 也等价于某个 $2n$-轮盘输数。令 $\xi^i=u_0\cdots u_l$，则 $l=h(\xi^i)$。由输数定义可知，一定存在某个自然数 k，使得 $kl\equiv n \pmod{2n}$。

由引理 3.3.7 可知，ξ^i 存在 $\mathbb{N}_{2n}$-着色，令之为 c。则必定存在数 i，使得 $i\in c(u_0)$。则由引理 3.3.6 可知，有 $i+_{2n}l\in c(u_l)$。注意 $u_l=u_0$，连续 k 次应用引理 3.3.6，可得到 $i+_{2n}kl\in c(u_l)$，也就是，$i+_{2n}n\in c(u_0)$，这是不可能的。■

引理 3.3.12 的逆也是成立的，这其实是整个刻画 n-卡片悖论最关键的工作，下面主要就是完成这一工作。

首先注意，框架不含 $\mathbb{L}_{2n}$-型循环，当且仅当它的每个连通分支也都不含 $\mathbb{L}_{2n}$-型循环；而且框架存在 $\mathbb{N}_{2n}$-着色，当且仅当它的每个连通分支都存在 $\mathbb{N}_{2n}$-着色。所以，为了证明引理 3.3.12 的逆，只需对连通的框架进行证明即可。以下如无特别声明，所指的框架都是连通的。

固定框架 $\mathcal{K}=\langle W,R\rangle$，对其中任意两点 u，v，定义 $\mathbb{N}_{2n}$ 的一个子集 $H_{2n}(u,v)$，使得任意 $k\in\mathbb{N}_{2n}$，$k\in H_{2n}(u,v)$，当且仅当存在从 u 到 v 高度

h 满足 $h \equiv k \pmod{2n}$ 的路。

引理 3.3.13　设 $\mathcal{K}$ 是不含 $\mathbb{L}_{2n}$-型闭路的连通框架，u, v 是其中的两个点。如果 $H_{2n}(u,u) = \mathbb{W}_{2n}$，那么必定存在自然数 h，使得 $H_{2n}(u,v) = \mathbb{W}_{2n}(h)$。

证明

设 $H_{2n}(u,u) = \mathbb{W}_{2n}$，则据 $\mathcal{K}$ 的连通性，$\mathcal{K}$ 中必定存在从 u 到 v 的路。取一并令之为 $\xi = u_0\, u_1 \cdots u_l$，令其高度为 h。我们断言 $H_{2n}(u,v) = \mathbb{W}_{2n}(h)$。

$\mathbb{W}_{2n}(h) \subseteq H_{2n}(u,v)$ 是明显的，用反证法证明其逆。假设 $H_{2n}(u,v) \not\subseteq \mathbb{W}_{2n}(h)$，则存在数 k'，使得 $k' \in H_{2n}(u,v)$ 且 $k' \notin \mathbb{W}_{2n}(h)$。后一条件意味着对任意 $0 \leqslant k \leqslant 2j$，都有 $k' \not\equiv 2^{i+1}k + h \pmod{2n}$。因此，$h - k'$ 模 $2n$ 必定等价于某个 $2n$-轮盘输数。但据 $k' \in H_{2n}(u,v)$，必定存在从 u 到 v 高 h' 满足条件 $h' \equiv k' \pmod{2n}$ 的路。取一并令之为 $\xi' = u'_0\, u'_1 \cdots u'_m$。

考虑 $u_0\, u_1 \cdots u_l\, u'_{m-1} \ldots u'_1\, u'_0$，也就是 ξ 与 ξ' 的逆相连接得到的路，令之为 ζ。显然，ζ 是 $\mathcal{K}$ 中的闭路。我们断言：ζ 是高度模 $2n$ 必定等价于 $h - h'$。如果这个断言成立，那么根据 $h - h' \equiv h - k' \pmod{2n}$ 及 $h - k' \pmod{2n} \in \mathbb{L}_{2n}$，立知 ζ 是高度模 $2n$ 等价于某个 $2n$-轮盘输数的闭路，这与条件相矛盾。

下面分两种情况证明上述的断言。当 $n = 1$ 时，首先不难证明任何一条路与其逆的高度奇偶性相同，特别是 ξ' 与其逆的高度奇偶性相同。这样，ζ 高度 $h(\zeta)$ 与 $h - h'$ 奇偶性相同，亦即 $h(\zeta) \equiv h - h' \pmod{2}$。

当 $n > 1$ 时，由 $\mathcal{K}$ 不含 $\mathbb{L}_{2n}$-型闭路，容易看出 $\mathcal{K}$ 中任何相邻的两点 u 和 v，uRv 和 vRu 二者只能有一个成立。由此，ζ 的高度 $h(\zeta)$ 必定等于 $h(\xi) - h(\xi')$，亦即 $h - h'$。此时，自然有 $h(\zeta) \equiv h - h' \pmod{2n}$。 ■

对于满足 $0 \leqslant m < 2^i$ 的数 m，定义

$$H_{2n}^m(u,v) = \{k + m \mid k \in H_{2n}(u,v)\}/2n。$$

注意，$H_{2n}^0(u,v) = H_{2n}(u,v)$。再定义

$$H_{2n}^*(u,v) = \bigcup_{0 \leqslant m < 2^i} H_{2n}^m(u,v)。$$

引理 3.3.14 设 $\mathcal{K}$ 是不含 $\mathbb{L}_{2n}$-型闭路的连通框架，

(1) 对 $\mathcal{K}$ 中两点 u, v, 若 $H_{2n}(u,u) = \mathbb{W}_{2n}$，则必存在自然数 h，使得 $H^*_{2n}(u,v) = \mathbb{W}^*_{2n}(h)$。

(2) 对任意 $0 \leqslant i < 2n$, $i \in H^*_{2n}(w,u) \stackrel{u\,R\,v}{\Longleftrightarrow} i +_{2n} 1 \in H^*_{2n}(w,v)$。

证明

在引理 3.3.13 的证明中，已经证明了必存在数 h，使得 $H_{2n}(u,v) = \mathbb{W}_{2n}(h)$。于是有

$$H^m_{2n}(u,v) = \{k +_{2n} m \mid k \in H_{2n}(u,v)\} = \mathbb{W}^m_{2n}(h),$$

因而，$H^*_{2n}(u,v) = \mathbb{W}^*_{2n}(h)$。

为证第二个结论，设 $i \in H^*_{2n}(w,u)$，则存在数 m 和 k，使得 $0 \leqslant m < 2^i$，$k \in H_{2n}(w,u)$，以及 $i \equiv k + m\,(\text{mod } 2n)$。于是，存在从 w 到 u 高度 h 满足 $h \equiv k\,(\text{mod } 2n)$ 的路。取一并令之为 ξ，注意 $\xi^\frown v$ 是高度为 $h+1$ 的路。但 $i+1 \equiv k+1+m$ (mod $2n$)，也就是 $i+1 \equiv h+1+m$ (mod $2n$)，于是，$i +_{2n} 1 \in H^m_{2n}(w,v)$，所以，$i +_{2n} 1 \in H^*_{2n}(w,v)$。

反过来，令 $H^*_{2n}(w,u) = \mathbb{W}^*_{2n}(h)$，$H^*_{2n}(w,v) = \mathbb{W}^*_{2n}(h')$。设 $i \notin H^*_{2n}(w,u)$，则由引理 3.3.11，有 $i \in \mathbb{W}^*_{2n}(h+n)$ 及 $i +_{2n} n \in \mathbb{W}^*_{2n}(h)$。再由上一结论，可知 $(i +_{2n} n) +_{2n} 1 \in \mathbb{W}^*_{2n}(h')$。又据引理 3.3.11，得到 $i +_{2n} 1 \in \mathbb{W}^*_{2n}(h'+n)$，亦即 $i +_{2n} 1 \notin \mathbb{W}^*_{2n}(h')$。 ■

为证引理 3.3.12 的逆，尚需一条技术性的引理。

引理 3.3.15 每条 $\mathbb{L}_{2n}$-型闭路都含有 $\mathbb{L}_{2n}$-型循环。

证明

用数学归纳法证明：对任意数 $l > 0$，长度为 l 的 $\mathbb{L}_{2n}$-型闭路都必含有 $\mathbb{L}_{2n}$-型循环 $l = 1$ 时结论显然成立，因为长度为 1 的闭路同时也是循环。

当 $l > 1$ 时，任取一条 $\mathbb{L}_{2n}$-型闭路，记为 $\xi = u_0\,u_1 \cdots u_l$。如果 ξ 中的点除 $u_0 = u_l$ 外都互不相同，那么 ξ 本身已是 $\mathbb{L}_{2n}$-型循环。否则，可在 ξ 中取两点 u_{i_0}, u_{j_0}，使得 $0 \leqslant i_0 < j_0 \leqslant l$，$u_{i_0} = u_{j_0}$，但 $i_0 \neq 0$ 或 $j_0 \neq l$。考虑由 u_{i_0} 到

u_{j_0} 的 ξ 的子路，记之为 ξ_1。再考虑从 u_0 到 u_{i_0} 的 ξ 的子路和从 u_{j_0} 到 u_l 的 ξ 的子路在点 u_{i_0}（亦即在 u_{j_0}）处的连接，它同样是一条路，记之为 ξ_2。显然，ξ_1 和 ξ_2 都是闭的，并且它们的长度都小于 l。

由引理 3.3.8 可知，一定存在数 k，使得 ξ^k 是有向的，$h(\xi^k)=h(\xi) \pmod{2n}$，并且 ξ^k 的长度（亦即高度）模 $2n$ 等价于某个 $2n$-轮盘输数。明显的是，对 $i=1,2$，路 ξ_1^k 也都是有向的，且 $h(\xi_1^k)=h(\xi_1) \pmod{2n}$。此外，$h(\xi_1^k)+h(\xi_2^k)=h(\xi^k)$。注意，$\xi$ 是 $\mathbb{L}_{2n}$-型闭路，因而 ξ^k 也是。因此，根据引理 3.3.1 的第一个结论，ξ_1^k,ξ_2^k 中必有一是 $\mathbb{L}_{2n}$-型闭路。因此，按归纳假设，ξ_1,ξ_2 中必有一条含有 $\mathbb{L}_{2n}$-型循环，此循环自然也含于 ξ 中。■

引理 3.3.16　一个框架，若其中不含 $\mathbb{L}_{2n}$-型循环，则其上存在 $\mathbb{N}_{2n}$-着色。

证明

设 $\mathcal{K}$ 不含 $\mathbb{L}_{2n}$-型循环，并无妨设它是连通的。由引理 3.3.15 可知，$\mathcal{K}$ 中一定不会含有 $\mathbb{L}_{2n}$-型闭路。

取定 $\mathcal{K}$ 一点，设之为 u_0，$H_{2n}(u_0,u_0)$ 显然是 $\mathbb{W}_{2n}$ 的一个子集。无妨设 $H_{2n}(u_0,u_0)=\mathbb{W}_{2n}$（否则的话，可考虑这样一个框架，它由在 $\mathcal{K}$ 中点 u_0 处添加一条长度为 2^i 的有向循环得到的框架）。规定从 W 到 $\mathscr{P}(\mathbb{N}_{2n})$ 的映射 c 如下：$c(u)=H_{2n}^*(u_0,u)$。下面验证 c 即是 $\mathcal{K}$ 上的一个 $\mathbb{N}_{2n}$-着色。

事实上，由引理 3.3.14 的第一个结论，对 W 中任意 u，必定存在数 h，使得 $H_{2n}^*(u_0,u)$ 等于 $\mathbb{W}_{2n}^*(h)$。但又据引理 3.3.11，$\mathbb{W}_{2n}^*(h)$ 和 $\mathbb{W}_{2n}^*(h+n)$ 形成集合 $\mathbb{N}_{2n}$ 的一个对称部分，因此，对任意 $i\in\mathbb{N}_{2n}$，$i\in\mathbb{W}_{2n}^*(h)$，当且仅当 $i+_{2n}n\notin\mathbb{W}_{2n}^*(h)$。这表明 c 满足定义 3.3.3 的第一个条件。最后，引理 3.3.14 的第二个结论表明 c 满足定义 3.3.3 的第二个条件。■

下面是本节欲建立的主定理。

定理 3.3.1　对任意正整数 $n=2^i(2j+1)$，$T(C^n,\mathcal{K})$，当且仅当 $\mathcal{K}$ 中含有高度不能被 2^{i+1} 整除的循环。

证明

对任何自然数 h，令 $h^\star$ 为模 $2n$ 等价于 h 且位于 0 与 $2n-1$ 之间的那个(唯一的) 自然数。联合命题 3.3.3 及引理 3.3.2、引理 3.3.5、引理 3.3.12、引理 3.3.16，立即得到：$T(C^n,\mathcal{K})$，当且仅当 $\mathcal{K}$ 中含有一高度 h 满足 $2^{i+1}\nmid h^\star$ 的循环。因此，只需证明对任意整数 h，

$$2^{i+1}\mid h \iff 2^{i+1}\mid h^\star。\tag{3.9}$$

首先，设存在整数 k，使得 $h=2^{n+1}k$，则必定存在整数 q, r，使得 $0\leqslant r<2m+1$，$k=(2m+1)q+r$。于是，$h=2^{n+1}(2m+1)q+2^{n+1}r$。因此，$2^{n+1}$ 整除 $h^\star$。反之，对任意整数 h，必定存在整数 q, r，使得 $h=2^{n+1}(2m+1)q+r$，$0\leqslant r<2^{n+1}(2m+1)$。若 $2^{n+1}\mid h^\star$，则 $2^{n+1}\mid r$，于是，$2^{n+1}\mid h$。 ■

定义 3.3.8 如果公式集 Σ 满足：对任何框架 $\mathcal{K}$，$T(\Sigma,\mathcal{K})$ 必定蕴涵存在 $\mathcal{K}$ 的一个有穷子框架 $\mathcal{K}'$ 使得 $T(\Sigma,\mathcal{K}')$，那么称 Σ 是**框架紧致的**。

从直观上，说一个公式集是框架紧致的，意思是只要它在某个框架上推出了矛盾，那么一定也可在这个框架的有穷部分推出矛盾。我们注意到，任何循环必定只含有有穷多个点，立即可得到下面的结论。

推论 3.3.2 对任意正整数 n，C^n 都是框架紧致的。特别是说谎者语句是框架紧致的。 ■

当 n 为 2 的自然数次幂 (即存在 $i\in\mathbb{N}$，使得 $n=2^i$) 时，可得到定理 3.3.1 的一种特殊情形 (推论 3.3.3)

推论 3.3.3 当 n 为 2 的自然数次幂时，$T(C^n,\mathcal{K})$，当且仅当 $\mathcal{K}$ 含有高度不能被 $2n$ 整除的循环。 ■

注意，当 $n=1$ 时，就得到了定理 3.1.1 (注意：路的长度为奇数，当且仅当其高度也为奇数)。以上完成了对 n-卡片序列刻画定理的证明，最后我们来对卡片序列矛盾程度的强弱进行比较。引理 3.3.17 建立了由卡片序列构成的矛盾程度严格递增的序列。

引理 3.3.17 对任何自然数 n，都有 $C^{2^n}<C^{2^{n+1}}$，即 2^n-卡片序列在矛盾

程度上弱于 2^{n+1}-卡片序列。■

证明

只需注意，对任何整数 h，若 $2^{n+2} \mid h$，则 $2^{n+1} \mid h$，但反之不然。■

为明确起见，这里给出印证 $C^{2^n} \not\approx C^{2^{n+1}}$ 的一个框架。令 $\mathcal{K} = \langle W, R\rangle$，其中，$W = \{0, 1, \cdots, 2^{n+1} - 1\}$，并且

$$R = \{\langle i, i +_{2^{n+1}} 1\rangle \mid 0 \leqslant i < 2^{n+1}\}。$$

因为 $\mathcal{K}$ 含有一长度（也是高度）为 2^{n+1} 的循环，由推论 3.3.3 立知 $C^{2^{n+1}}$ 在 $\mathcal{K}$ 中是矛盾的。注意 $2^{n+1} \nmid 2^{n+2}$，容易验证 $\mathcal{K}$ 有 $\mathbf{C}_{2^n}$-着色如下：对任意 $0 \leqslant i < 2^{n+1}$，$c(i) = \{i +_{2^{n+1}} k \mid 0 \leqslant k < 2^n\}$。由引理 3.3.2 和引理 3.3.5 可知，$C^{2^n}$ 在 $\mathcal{K}$ 中不是矛盾的。

就矛盾程度而言，序列 C^{2^n} $(n \in \mathbb{N})$ 如下面所证具有测量“刻度”的功能，每个卡片序列都可以由某个 C^{2^n} 来度量。引理 3.3.17 可由定理 3.3.1 直接推得。

引理 3.3.18　对任何自然数 n, m，有 $C^{2^n(2m+1)} \approx C^{2^n}$，亦即 $2^n(2m+1)$-卡片序列与 2^n-卡片序列具有同等的矛盾程度。■

对于正整数 n，用 $(n)_2$ 表示 n 的素数分解式中 2 的重数（即 2 的最高幂次）。则由引理 3.3.16 和引理 3.3.17 直接得到下面的定理。

定理 3.3.2　对任意正整数 n, m，有 $C^n \lesssim C^m$，当且仅当 $(n)_2 \leqslant (m)_2$。■

定理 3.3.2 表明，在所有的卡片序列中，奇数张卡片序列，即 C^{2n+1} $(n \in \mathbb{N})$，都具有相同的矛盾程度，且其程度是最小的；下一个矛盾程度来自序列 $C^{2(2n+1)}$ $(n \in \mathbb{N})$；再下一个矛盾程度来自 $C^{2^2(2n+1)}$ $(n \in \mathbb{N})$，如此等等，以至于无穷。卡片序列的矛盾程度构成了一个无上界的全序。

§3.4　亚布洛悖论的刻画

本节将完成对亚布洛序列的刻画工作。同以前刻画说谎者语句不同，我们不是直接去寻找使亚布洛序列矛盾的框架应满足的循环条件，而是把亚布洛序

列在框架上有矛盾的问题归结为说谎者语句在框架上有矛盾的问题，从而间接地达到刻画亚布洛序列的目的。我们的刻画对亚布洛悖论是否基于循环这一长期富于争议的问题给出了一个技术性的回答。

3.4.1 亚布洛序列及其自指性

在所有的真理论悖论中，亚布洛悖论是除说谎者悖论外争议最多的一个悖论。这个悖论之所以引人争议，主要是由于人们对这个悖论的循环性和自指性存在截然相反的看法。前面在介绍亚布洛悖论时，已经提到这个悖论是作为一个没有循环自指出现的悖论而提出的。事实上，亚布洛本人在 1993 年提出这个悖论时，就明确地指出它“完全没有出现自指”，并对此进行注释：这个悖论是“一个类似说谎者悖论但在任何意义上都没有循环的例子”（Yablo, 1993: 251）。之后，亚布洛又于 2004 年发表论文 (Yablo, 2004) 重申了上述观点，对这个悖论没有“基于循环性”作了进一步的论证。

亚布洛的看法得到了一部分人的认同，例如，R. A. Sorensen, N. Tennant, S. Bringsjord，以及 B. van Heuveln 都分别著文支持亚布洛 (Sorensen, 1998; Tennant, 1995; Bringsjord, 2003)。但反对之声也大有人在，其中，最先也是最有力的反驳者是澳大利亚逻辑学家普里斯特。他指出“亚布洛悖论确实涉及了自指循环性”，而且“亚布洛悖论所面临的 [自指性] 情况，不论如何构成，在根本上都是循环——恰如同一家族中其他悖论所面临的情况一样”（Priest, 1997: 242, 240）。在其反驳亚布洛的著名论文 (Priest, 1997) 中，普里斯特甚至写道（Priest, 1997: 240）：

> 这里 [指亚布洛悖论]，似乎没有循环出现。但是，确实有循环。…… 其中的循环是显然的。事实上，这刚好是说谎者悖论的一个变形而已。

其后，比尔 (J. C. Beall) 在其论文 (Beall, 2001) 中也对亚布洛悖论的非循环性进行了批驳。

站在整个悖论的历史来看，这场争论有着特别重要的意义。因为在亚布洛提出那个悖论之前，人们普遍认为自指及循环对于悖论而言是必要的：没有自指或循环，是不可能构成悖论的。正是在这样的背景下，亚布洛提出了他那有名的悖论，作为上述共识的一个反例。由此引起强烈的反响也是在意料之中，因为它试图动摇人们对悖论所持的基本看法。这也是亚布洛悖论成为说谎者悖论之后最有名的真理论悖论之一的基本原因。

在上述争论中，我们注意到，争论的双方都没有对自指性和循环性进行严格的区分。例如，亚布洛认为自指是循环的一种（Yablo, 1993: 251）。这种看法似乎也得到争论双方的认同。看起来这似乎只是一个无关宏旨的混同，但如后面要看到的，要想彻底地平息这段争端，我们必须对自指和循环作出明确的区分。

为了能对自指和循环进行区分，让我们先撇开争论双方的焦点：究竟有没有悖论依赖自指或循环。而是要考虑一个更直接的问题：当我们谈论自指与循环时，自指性和循环性所描述的对象是什么？就自指而言，按照其直观意思，说一个语句是自指的，意味着这个语句提及它自身，即语句所指的对象中直接或间接地含有语句本身。因此，要决定语句是自指的，只需决定语句之间的指称关系。从这点来看，自指性很明显是语句本身的特性，是用来描述语句本身的。我们常常称某个语句是不是自指的正好印证了这一点。

相比之下，循环性却不是语句本身的性质，不可直接用于描述语句。不论是说某某语句是循环的，还是说它是非循环的，这些说法都没有意义。例如，我们常说“说谎者悖论是循环的”，其真正含义并不是说说谎者语句本身是循环的，而是说说谎者语句出现矛盾依赖于循环性。一般而言，当我们说到循环的时候，真正指的是语句发生矛盾是否依赖于循环。 在这个意义上，循环性不是语句的特性，而是语句发生矛盾的条件。看到这一点，我们立刻可知循环性与语句的赋值是密不可分的，因为语句发生矛盾与否，都以对语句的赋值作为先决条件。前面对说谎者语句及其卡片变形所作的论证已充分印证了这一事实。

考虑到自指与循环的上述差异，下面将分开来考察亚布洛悖论的自指性和循环性。如先前那样，我们先把这个悖论中涉及的语句表达在语言 $\mathfrak{L}^+$ 中。首先注意所有的一元递归（全）函数都可（例如，按图灵机的算术化编码）枚举如下：$\phi_1, \phi_2, \cdots, \phi_i, \cdots$ $(i \in \mathbb{N})$。它们中的每一个在 $\mathfrak{L}^+$ 中都是算术可定义的：对任意 $i \in \mathbb{N}$，设 $F_i(x,y)$ 算术定义了 ϕ_i，即对任意 $m,n \in \mathbb{N}$，$\phi_i(n) = m$，当且仅当 $\mathfrak{N} \models F_i(\boldsymbol{n}, \boldsymbol{m})$。

规定二元函数 $f : \mathbb{N}\times\mathbb{N} \to \mathbb{N}$ 使得在点 (i,n) 处，f 的取值为语句 $\forall x\,(x > n \to \forall y\,(F_i(x,y) \to \neg T(y)))$ 的哥德尔编码，即

$$f(i,n) = \ulcorner \forall x\,(x > \boldsymbol{n} \to \forall y\,(F_i(x,y) \to \neg T(y))) \urcorner,$$

注意，这里的 $x > \boldsymbol{n}$ 指的是公式 $\exists y(\neg y \equiv \boldsymbol{0} \wedge x \equiv +\boldsymbol{n}\,y)$。由克林递归定理（Tourlakis, 2003: 149）可知，必定存在 $k \in \mathbb{N}$，使得 $\phi_k(n) = f(k,n)$ 对任意 $n \in \mathbb{N}$ 都成立。因而，对任意 $n \in \mathbb{N}$，

$$\phi_k(n) = \ulcorner \forall x\,(x > \boldsymbol{n} \to \forall y\,(F_k(x,y) \to \neg T(y))) \urcorner, \tag{3.9}$$

现在，对任意 $n \in \mathbb{N}$，规定语句 Y_n 如下：

$$Y_n = \forall x\,(x > \boldsymbol{n} \to \forall y\,(F_k(x,y) \to \neg T(y)))\text{。}$$

为方便起见，用 Y 表示语句序列 Y_n $(n \in \mathbb{N})$。下面的引理表明它正好是亚布洛序列在 $\mathfrak{L}^+$ 中的表达①：

引理 3.4.1 对任意 $X \subseteq \mathbb{N}$，对任意的 $n \in \mathbb{N}$，都有

$$X \models Y_n\text{，当且仅当对任意 } m > n\text{，都有 } X \not\models T\ulcorner Y_m \urcorner\text{。} \tag{3.10}$$

① 这个表达受到了论文 (Priest, 1997) 和 (Butler, 2008) 的启发。注意这里表达的亚布洛序列从 0 开始整个序列，这种表达用起来显得更加方便，但与亚布洛原先规定的序列完全等价。

证明

按 Y_n 的定义, $X \models Y_n$, 当且仅当对任意 $m > n$, $X \models \forall y\,(F_k(\boldsymbol{m}, y) \to \neg T(y))$。但因 F_k 算术定义了 ϕ_k，故后式等价于对任意 $l \in \mathbb{N}$，若 $l = \phi_k(m)$，则 $X \mid\models T(\boldsymbol{l})$, 亦即 $X \mid\models T\ulcorner\phi_k(m)\urcorner$。又由式子 (3.9) 可知, 这相当于 $X \mid\models T\ulcorner Y_m\urcorner$。这就得到了 $X \models Y_m$，当且仅当对任意 $m > n$，$X \mid\models T\ulcorner Y_m\urcorner$。 ■

必须注意, 在上面的规定中, 自然数 k 本质上是利用对角线方法确定的, 由此确定的谓词 $F_k(x, y)$ 实际是自指的。事实上，由式子 (3.9) 可知，$F_k(\boldsymbol{n}, \boldsymbol{m})$ 成立意味着 $\phi_k(n) = m$，但 m 又刚好是公式 $\forall x\,(x > \boldsymbol{n} \to \forall y\,(F_k(x, y) \to \neg T(y)))$ 的哥德尔编码, 故而这又意味着对任意 $i > n$, 任意 $j \in \mathbb{N}$, 若 $F_k(\boldsymbol{i}, \boldsymbol{j})$, 则 $\neg T(\boldsymbol{j})$。粗略地说，$F_k(x, y)$ 可看作是这样一个以 x 作为参量，以 y 作为变元的一元谓词，它成立恰好表明没有大于 x 的数满足这个谓词。

值得指出的是, 普里斯特在其论文 (Priest, 1997) 中也指出了亚布洛序列的给出需要借助这样一个谓词，即“没有大于 x 的数满足这个谓词”。普里斯特同时也指出这个谓词是自指的（Priest, 1997: 238）。如前面刚刚指出的，普里斯特提到的谓词刚好为 $F_k(x, y)$ 所表达。$F_k(x, y)$ 的自指性当然是明显的，在含有自指性谓词 $F_k(x, y)$ 的意义下，正如普里斯特所说，亚布洛序列是自指的。这种自指性可称为“描述性的”自指性。[①]

前面说了，在判断语句或语句序列是否自指时，按照“描述性”标准，亚布洛序列应是自指的。问题在于，这个标准并不是人们判断自指性的通行标准。据笔者所知，语句或语句序列是自指的，通行的标准是它直接或间接地指称了自己。在当前的语境下，这可以解读为：语句的编码包含在它所指称的语句的编码之中（“直接”指称情形），或语句的编码包含在另外一个语句所指称的语句的编码之中，而后一语句的编码又包含在前一语句的编码之中（“间接”指称情形）。采取 Beall(2001) 论文的说法，笔者把这种自指性标准称为“指示性的”。以后谈论的自指性皆是在指示性意义下而言的。

---

① “描述性”以及下面的“指示性”都出自论文 (Beall, 2001: 179)。

先就具体的供选自指性对象讨论其中语句的“指谓”——即语句中提及语句的全部。

例子 3.4.1 对卡片序列 $Z = C^n(\varepsilon_1, \cdots, \varepsilon_n)$，规定其中语句 $Z_i = C_i^n(\varepsilon_i)$ 的**指谓**为单元集 $\left\{\ulcorner Z_{i_n^-} \urcorner\right\}$，记为 $@(Z_i)$。

例子 3.4.2 对亚布洛序列 Y，规定其中语句 Y_i 的**指谓**为集合 $\{\ulcorner Y_j \urcorner \mid j > i\}$，记为 $@(Y_i)$。

注意，以上虽然只是针对两种语句序列给出指谓概念，但它可类推到其他语句序列上，只不过我们很难针对一般的语句集给出一个统一的指谓概念。直观上，一个语句的指谓就是其中真谓词所描述的语句的全体。规定卡片序列中语句 Z_i 的指谓为 $\left\{\ulcorner Z_{i_n^-} \urcorner\right\}$，基本的参照是引理 3.3.1 中的逻辑等值式。同理，考虑有式子 (3.10) 成立，才按上面规定了语句 Y_i 的指谓。不妨认为这些语句序列中各个语句的指谓是随序列本身按照各个语句所指而来的。也正是在这个意义下，由此规定出的自指性被看作是“指示性”的。

定义 3.4.1 给定 $\mathfrak{L}^+$ 的语句集 Σ，设已对其中每个语句规定了它们的指谓。如果 Σ 中存在有穷多个语句的一个排列 A_1，A_2，$\cdots$，A_n，使得对任意 $1 \leqslant i \leqslant n$，$A_i$ 的指谓 $@(A_i)$ 都含有 $A_{i_n^-}$ 的哥德尔编码 $\ulcorner A_{i_n^-} \urcorner$，那么就称 Σ 是**自指的**，并称集 $\{A_i \mid 1 \leqslant i \leqslant n\}$ 为 Σ 的**自指证据**。

特别是，当 Σ 有只含一个元素的自指证据时，称 Σ 是**直接自指的**；反之，若 Σ 的任意自指证据必定多于一个元素，则称 Σ 是**间接自指的**。

命题 3.4.1 卡片序列 $Z = C^n(\varepsilon_1, \cdots, \varepsilon_n)$ 都是自指的，并且仅当 $n = 1$ 时，它才是直接自指的，其余皆是间接自指的。

证明

首先，注意集合 $\{Z_i \mid 1 \leqslant i \leqslant n\}$ 是 Z 的一个自指证据，这表明 Z 是自指的，并且当 $n = 1$ 时，它还是直接自指的。其次，当 $n \geqslant 2$ 时，对任意 $1 \leqslant i, j \leqslant n$，只要 $i \neq j$，就有 $\ulcorner Z_i \urcorner \neq \ulcorner Z_j \urcorner$。因而，对任何 $1 \leqslant i \leqslant n$，$Z_i$ 都不可能构成 Z 的自指证据。这说明 Z 只能是间接自指的。 ■

命题 3.4.2 亚布洛序列 Y 是非自指的。

证明

假设亚布洛序列存在自指证据 $\{Y_{i_k} \mid 1 \leqslant k \leqslant n\}$，则由 $\ulcorner Y_{i_k} \urcorner \in @\left(Y_{i_{k_n^-}}\right)$ 及有关指谓的规定，可知 $i_k > i_{k_n^-}$ 对任意 $1 \leqslant k \leqslant n$ 都成立。当 $k=1$ 时，得到 $i_1 > i_n$。但当 $k = 2, 3, \cdots, n$ 时，有 $i_n > \cdots > i_2 > i_1$ 成立，矛盾！所以，亚布洛序列不是自指的。■

以后，还会看到类似于亚布洛序列的其他非自指序列。这里有一个问题：能否找到一个有穷的悖论序列，使得它还是非自指的？在本书第四章，我们将会证明回答是否定的：有穷的悖论序列必定是自指的。因此，在所有的悖论序列中，亚布洛序列作为一个非自指序列，如果不是最佳的，至少也是“极佳”的。从这个意义上讲，亚布洛悖论在所有悖论中的地位确实是不可小觑的。

3.4.2 亚布洛序列的循环性

本节讨论亚布洛序列的循环性，思想同前 ——我们考虑的仍然是亚布洛序列在何种框架中矛盾这样的问题。亚布洛序列的循环性由它导致矛盾的框架来体现。下面是本节主要要证明的结论。

定理 3.4.1 $Y \approx L$，即亚布洛序列与说谎者序列具有同等矛盾性。

对于这个结论，我们作如下评述。这个定理表明亚布洛悖论不但是基于循环性的，而且它所基于的循环性与说谎者悖论所基于的循环性完全相同：能使说谎者悖论发生矛盾的循环必然也使得亚布洛式悖论发生矛盾，反之亦然。

在 3.4.1 节中，笔者曾引用了普里斯特的一段话。如果我们把这段话中的“刚好是”理解为“在循环性等价于”，那么可以把普里斯特之言看作是这样一个猜想：亚布洛悖论与说谎者悖论具有完全相同的循环性。这正是下面要证明的一个结论。更具体一点，我们要证明这两个悖论之所以包含矛盾，乃是因为基于同样的恶性循环，即都在并且只在含奇循环的框架上是矛盾的。因而亚布洛悖论之争，关于循环性方面，普里斯特方面的观点似乎更可取，亚布洛原先关于其悖论不含循环的观点是不正确的。

总的说来，我们按照通行的自指性标准证明了亚布洛悖论恰恰如亚布洛所言不是自指的，同时还证明了亚布洛悖论具有与说谎者悖论相同的循环性。在这个意义上，可以把亚布洛悖论看作是说谎者悖论的一个非自指但等循环的表述：它消除了说谎者悖论中的直接自指，但完整保留了其中的循环。考虑到亚布洛悖论中含有可数无穷多个语句，我们可以借用微积分中级数理论的术语，称亚布洛悖论"等于"说谎者悖论的一个非自指但等循环的展开式。亚布洛悖论的这一特性同时也说明，悖论的自指性和循环性是两个不同的概念，必须严格加以区分。

在证明定理之前，仍如先前那样，给出一个涉及紧致性的推论。

推论 3.4.1 亚布洛序列是紧致的，即亚布洛序列在一个框架中是矛盾的，当且仅当它在该框架的某个有穷子框架中是矛盾的。

此推论的"仅当"由定理 3.4.1 推得，"当"部分是平庸的，并没有使用定理 3.4.1。注意到这一点是关键的，因为在下面证明定理 3.4.1 的过程中将使用推论 3.4.8 的"当"部分。下面随即展开定理 3.4.1 的证明。

定义 3.4.2 对任意框架 $\mathcal{K}$ 及其指派 τ，称 τ 是亚布洛序列在 $\mathcal{K}$ 中的**可容许指派**，如果它满足条件：对任意 $n \in \mathbb{N}$，

$$v \in \tau(Y_n) \overset{u\,R\,v}{\Longleftrightarrow} \forall m > n\ (u \notin \tau(Y_m))。 \tag{3.11}$$

注意，下面还要把指派应用于亚布洛序列的子序列上。设 X 是 $\mathbb{N}$ 的一个子集，亚布洛序列 Y 限制到 X 上，即子序列 $\{Y_i\}_{i\in X}$，记为 $Y\lceil X$。指派 τ 是此序列在 $\mathcal{K}$ 中的可容许指派，指的是对任意 $n, m \in X$，条件 (3.11) 成立。

引理 3.4.2 对任意框架 $\mathcal{K}$，$T(Y,\mathcal{K})$，当且仅当 $\mathcal{K}$ 中不存在亚布洛序列的可容许指派。

证明

首先设 t 是 T 在 $\mathcal{K}$ 中相对于 Y 的真谓词实现，规定指派 τ 如下：对任意 $i \in \mathbb{N}$，

$$\tau(Y_i) = \{u \in W \mid t(u) \models Y_i\}。$$

任取 $u, v \in W$ 使得 uRv, 则 $v \in \tau(Y_n)$, 当且仅当 $t(v) \models Y_n$。由引理 3.4.1 可知, 后式等价于 $\forall m > n\,(t(v) \mid\models T\ulcorner Y_m \urcorner)$。据真谓词实现的定义, 这又相当于 $\forall m > n\ (t(u) \mid\models T\ulcorner Y_m \urcorner)$。因此, 得到 $v \in \tau(Y_n)$, 当且仅当 $\forall m > n\ (u \notin \tau(Y_m))$。这就证明了 τ 是 Y 在 $\mathcal{K}$ 中的可容许指派。反之, 设 τ 是 Y 在 $\mathcal{K}$ 中的可容许指派, 定义映射 $t: W \to \mathscr{P}(\mathbb{N})$ 如下: 对任意 $u \in W$,

$$t(u) = \{\ulcorner Y_i \urcorner \mid u \in \tau(Y_i), i \in \mathbb{N}\}。$$

不难验证 t 即是 T 在 $\mathcal{K}$ 中相对于 Y 的一个真谓词实现。 ■

下面的一条引理欲把亚布洛序列的可容许指派的存在性与说谎者语句的可容许指派的存在性相联系。

引理 3.4.3 对任意框架 $\mathcal{K}$, 若 $\mathcal{K}$ 中存在说谎者语句的可容许指派, 则 $\mathcal{K}$ 中也存在亚布洛序列的可容许指派。

证明

设 τ 是说谎者语句在 $\mathcal{K}$ 中的一个可容许指派, 规定指派 τ' 如下: 对所有 $i \in \mathbb{N}$, $\tau'(Y_i) = \tau(L)$, 则容易验证 τ' 是亚布洛序列的可容许指派。 ■

引理 3.4.3 的逆也是成立的, 但其证明却较为复杂, 它实际上是证明定理 3.4.1 的关键。

引理 3.4.4(主引理) 对任意框架 $\mathcal{K}$, 若 $\mathcal{K}$ 中存在亚布洛序列的可容许指派, 则 $\mathcal{K}$ 中也存在说谎者语句的可容许指派。

引理 3.4.5(自相似性) 如果 X 是自然数的一个无穷集, 那么对任意框架 $\mathcal{K}$, $\mathcal{K}$ 中存在亚布洛序列 Y 的可容许指派当且仅当 $\mathcal{K}$ 中也存在序列 $Y\lceil X$ 的可容许指派。

证明

必要性显然。对充分性, 令 $X = \{n_0 < n_1 < n_2 < \cdots\}$, 并设 τ 是 $Y\lceil X$ 在 $\mathcal{K}$ 中的可容许指派。定义指派 τ' 使得对任意 $i \in \mathbb{N}$, 都有

$$\tau'(Y_i) = \tau(Y_{n_i})。$$

则很容易验证 τ' 是 Y 在 $\mathcal{K}$ 中的可容许指派。 ■

引理 3.4.5 说的是，亚布洛序列能够反复为其一个无穷部分所复制，此为其自相似之所在。下面引进一个关键概念。

定义 3.4.3 设 τ 是在 $\mathcal{K}$ 中的一个指派，对公式序列 $\{A_i\}_{i\in\mathbb{N}}$，如果存在自然数 N 使得当 $i,j \geqslant N$ 时，都有 $\tau(A_i)=\tau(A_j)$ 成立，那么称 τ 为 $\{A_i\}_{i\in\mathbb{N}}$ 的一个**收敛**指派。

现在来勾勒本节主引理（引理 3.4.4）的证明思路。为证此引理，只需从亚布洛序列的一个已知赋值确定说谎者语句的一个赋值。受引理 3.4.3 的启发，当亚布洛序列存在一个可容许指派 τ 时，可以希望亚布洛序列也存在收敛的可容许指派 τ^c。若果真如此，令 N 为收敛的指标，则立即可以看出说谎者语句的一个可容许指派可规定如下：对某个（或任意）$k>N$，$\tau'(L)=\tau^c(Y_k)$。①

问题在于如何从原先的可容许指派 τ 构造出收敛的可容许指派 τ^c。回答是，放弃亚布洛序列中某些语句，以便使得指派 τ 在剩余的部分变得是收敛的。具体而言，在某个点上只要亚布洛序列中有语句为真并且也有语句为假，那么就去掉那些在该点上指派为真的语句，从而可使得指派 τ 在剩余的部分变为具有恒常的真值。我们将会看到，放弃语句后的剩余部分与原先的序列是自相似的。引理 3.4.5 正为此而来。为陈述这一引理，需要引入一些概念。

在框架 $\mathcal{K}$ 中任意固定一点，记为 w。再令 X 是自然数的一个无穷集，令 τ 是 $\mathcal{K}$ 的一个指派。我们用 $\tau_w^+(X)$ 记录亚布洛序列的子序列 $Y\lceil X$ 中那些在点 w 被指派为真的语句（的下标），亦即

$$\tau_w^+(X)=\{i\in X \mid w\in\tau(Y_i)\}\,.$$

① 索伦森 (Sorensen) 在其论文 (Sorensen, 1998) 中提出亚布洛悖论的如下版本：无穷多个人排成一列，每个人都在想他后面所有的人的思想都不真。普里斯特在谈到这个版本时，指出如果队列中每个人都“在想同一个思想”，比如 t，那么每个人的思想恰好就是这样一个思想：t 不真。普里斯特由此断定“这 [亚布洛悖论的这一情况] 恰好就是说谎者悖论的一个变体而已”（Priest, 1997: 240)。收敛的可容许指派可看作是对普里斯特所假设的“同一个思想”的严格表述。

并令 $\tau_w^-(X) = X \setminus \tau_w^+(X)$。

引理 3.4.6　在上述语境下，设集合 $\tau_w^+(X)$ 非空并且其补无穷。如果 τ 是亚布洛序列 Y 的可容许指派，那么它也是子序列 $Y\lceil\tau_w^-(X)$ 的可容许指派。

证明

在 W 中任意取定两点 u, v, 使得 uRv。则 w 不可能等于 v, 因为不然的话，可取 $N \in \mathbb{N}$, 使得 $v \in \tau(Y_N)$（因 $\tau_w^+(X)$ 非空）。按可容许指派的规定，对任意 $n > N$, 必有 $u \in \tau(Y_n)$。但 $\tau_w^+(X)$ 又是余无穷的，故可取 $M > N$, 使得 $v \notin \tau(Y_M)$, 这意味着存在 $n > M$, 使得 $u \notin \tau(Y_n)$, 矛盾！因而，或者 w 既非 u 又非 v, 或者 w 就是 u。

情形 (i)：w 既非 u 又非 v。则在指派 τ 下，序列 $Y\lceil\tau_w^-(X)$ 在 u 和 v 处的取值自动满足定义 3.4.2 中的条件 (3.11)。

情形 (ii)：$w = u$。注意到对所有的 $i \in \mathbb{N}$, Y_i 在 v 点必然为假，因而，对每个 $i \in \tau_w^-(X)$, $u \notin \tau(Y_i)$ 并且 $v \notin \tau(Y_i)$。此时，序列 $Y\lceil\tau_w^-(X)$ 在 u 和 v 处的取值显然满足条件 (3.1)。 ■

根据引理 3.4.5, 对于亚布洛序列中的语句, 在框架论域的每点处都可去掉某些语句而无伤可容许指派的存在性。当框架为有穷框架时，经过有穷多步这样的语句消去过程，最后亚布洛序列中必将剩余这样的语句，这些语句构成这样一个子序列，原先的指派在这个子序列上是收敛的。

引理 3.4.7　设 $\mathcal{K}$ 是有穷框架。如果 $\mathcal{K}$ 中存在亚布洛序列 Y 的可容许指派，那么 $\mathcal{K}$ 中也必定存在 Y 的收敛可容许指派。

证明

设 τ 是亚布洛序列 Y 的一个可容许指派，对任意 $w \in W$ 和任意 $X \subseteq \mathbb{N}$, 定义

$$\tau_w(X) = \begin{cases} \tau_w^-(X), & \text{若 } \tau_w^+(X) \text{ 无穷且余无穷；} \\ X, & \text{否则。} \end{cases}$$

令 $\mathcal{K}$ 的论域 $W = \{w_k : 1 \leqslant k \leqslant l\}$。对 $0 \leqslant k \leqslant l$ 施归纳定义 X_k 如下：$X_0 = \mathbb{N}$, $X_{k+1} = \tau_{w_{k+1}}(X_k)$。

根据数学归纳法，由引理 3.4.5，可证对所有 $0 \leqslant k \leqslant l$，下面的结论成立。

(1) X_k 是无穷集，而且对一切 $0 \leqslant h \leqslant k$，都有 $X_k \subseteq X_h$。

(2) τ 是 $Y \lceil X_k$ 在 $\mathcal{K}$ 中的可容许指派。

(3) 存在数 N_k，使得

(i)$w_k \in \tau(Y_j)$ 对满足 $j \geqslant N_k$ 的所有 $j \in X_k$ 都成立；或者

(ii)$w_k \notin \tau(Y_j)$ 对满足 $j \geqslant N_k$ 的所有 $j \in X_k$ 也都成立。

令 M 为 N_k $(1 \leqslant k \leqslant l)$ 中最大者。对每个 $1 \leqslant h \leqslant l$，对无穷集 X_l 中每个 j，k，由结论 (3) 可知，只要 $j, k > M$，必有 $w_h \in \tau(Y_j) \iff w_h \in \tau(Y_k)$，亦即 $\tau(Y_j) = \tau(Y_k)$。

最后，如同在引理 3.4.5 的证明中从 τ 诱导 τ' 那样，规定 τ^c 为由 τ 限制到 X_l 诱导出的指派。显然，必定存在 $N \in \mathbb{N}$，当 $j, k > N$ 时，$\tau^c(Y_j) = \tau^c(Y_k)$。■

现在可以完成主引理的证明。

引理 3.4.4 的证明

任取一个框架，设为 $\mathcal{K}$，假定亚布洛序列在 $\mathcal{K}$ 中存在可容许指派，要证说谎者语句在 $\mathcal{K}$ 中也存在可容许指派，由推论 3.3.2 关于说谎者语句的断言，只需证明说谎者语句在 $\mathcal{K}$ 的每个有穷子框架中都存在可容许指派。任取 $\mathcal{K}$ 的一个有穷子框架，如果原结论对有穷框架成立，那么由假定及推论 3.4.1 的“当”部分，亚布洛序列在这个子框架中也存在可容许指派，因而，说谎者语句这个子框架中也存在可容许指派。所以，只需针对有穷框架证明原结论即可。以下设 $\mathcal{K}$ 是有穷框架，并令 τ 是亚布洛序列在其中的一个可容许指派。

按引理 3.4.6，存在指派 τ^c，存在 $N \in \mathbb{N}$，使得对一切 $j, k \geqslant N$，$\tau^c(Y_j) = \tau^c(Y_k)$ 都成立。先规定指派 τ'，使得 $\tau'(L) = \mathcal{V}^c(Y_N)$。由 τ^c 的收敛性，容易看出 τ' 是说谎者语句在 $\mathcal{K}$ 中的可容许指派。■

最后，定理3.4.7由，引理3.4.1、引理3.4.3、引理3.4.4及定义3.4.1直接推得。

第四章

悖论、自指与循环*

前面对各种悖论的考察主要是对具体的悖论进行分析，总体来说对悖论还缺乏一种全局性的观察。悖论语句虽然特殊，但是所有已知的悖论都可在命题逻辑中被表达出来。这为一般性地考察悖论与自指、悖论与循环的关系问题提供了一条便捷的途径。本章4.1节阐述如何在命题逻辑的框架下表达悖论。由此，在4.2节和4.3节中，我们分别一般性地讨论悖论与自指、悖论与循环的关系问题。在本章最后一节中，我们用隐定义的方式规定出一类“跳跃”说谎者悖论，并给出它们的刻画框架类，由此讨论了悖论的可定义性问题。

§4.1 语句网与悖论

本节给出一个无穷命题逻辑语言，用于对悖论语句进行形式化。

---

* 本章 4.4 节的主要内容取自文献笔者的论文 (Hsiung, 2009)。

4.1.1 语句网

回顾之前考察过的悖论语句，不难发现它们具有如下的特征：第一，其中必定含有交叉指称项，例如，在说谎者语句中有“语句 (1.1)”，在亚布洛序列中，第 i 个语句 Y_i 中含有“Y_n”（n 为大于 i 的所有自然数），如此等等；第二，这些语句中含有的交叉指称项的所指都是语句，除此之外，别无其他；第三，用来描述交叉指称项的谓词一定是“真”和“假”这样的真谓词。笔者把满足这三个条件的语句称为**交叉指称语句**。

对于真理论悖论的考察而言，交叉指称语句包含了相当可观的悖论语句，同时又排除了那些与悖论关系不大的语句，而这恰恰是因为真理论悖论所涉及的语句必定包含有真谓词，而且真谓词一定是用来谓述语句的。在这样的背景下，交叉指称语句的第一个特征排除了那些不含交叉指称的语句，这类语句比如，“三角形的两边之和大于第三边”与逻辑悖论完全无关。而其第二个特征则排除这样的语句，它们虽含交叉指称但交叉指称项所指并非语句。例如，“赫茨伯格悖论的出处在论文 (Herzberger, 1982b)”就是这样的语句。这样的语句仍与逻辑悖论无关。最后，还有一些语句颇似说谎者语句，例如，

$$\text{语句 (4.1) 是自指的。} \tag{4.1}$$

它的特征是含有交叉指称且交叉指称项的指称也是语句，但用来描述交叉指称项的谓词不是真谓词。这类语句也不在我们的考虑范围之内，交叉指称语句的第三个特征正是用来排除这类语句的。

现在来建立交叉指称语句的句法。首先，如通常建立无穷命题逻辑的形式语言。可取初始符号包括变元 p,q,r 或它们带下标的符号（不限定数量），否定 $\neg$，无穷合取 $\bigwedge$ 和括弧)、(。

定义 4.1.1 公式按下面的规则归纳定义：

(1) 所有的变元都是公式；

(2) 如果 A 是公式，那么 $\neg A$ 也是；

(3) 如果 Σ 是公式集, 那么 $\bigwedge\Sigma$ 是公式。

其他联结词如通常规定的, 例如, 无穷析取 $\bigvee$ 是 $\bigwedge$ 的对偶: $\bigvee\Sigma = \bigwedge\{\neg A \mid A \in \Sigma\}$, 合取 $\wedge$ 由 $A \wedge B = \bigwedge\{A, B\}$ 规定, 析取 $\vee$ 是 $\wedge$ 的对偶, 蕴涵 $\rightarrow$ 由 $A \rightarrow B = \neg A \vee B$ 规定。下面借助二元算子符号 :(称为 "**指向算子**") 来规定我们主要关心的对象。

定义 4.1.2　子句规定为形如 $\pi{:}A$ 的表达式, 其中, π 是变元, A 是公式。**语句网**规定为满足**一致性条件**的子句集, 即满足条件: 如果 $\pi{:}A$ 和 $\pi{:}B$ 都属于这个子句集, 那么 A 和 B 是同一公式。特别是当语句网中仅含一子句时, 约定集合括弧省略。①

我们用下面一个语句:

$$\text{如果语句 (4.2) 为真, 那么圣诞老人存在。} \tag{4.2}$$

来说明构造语句网的基本想法。首先, 用变元表示交叉指称语句中的交叉指称项或正常的原子语句。上述语句含有一交叉指称项, 即 "语句 (4.2)"。用 p_0 表示这个交叉指称项。此外, 还出现了一个正常的原子语句 "圣诞老人存在", 可用 p_1 表示。

然后, 对每个交叉指称项, 找出它所对应的语句, 并用相应的公式表示。需要注意的是, 在交叉指称语句中, 一定会出现 "某个语句为真" 或 "某个语句为假" 等这样的句式, 在此种情况下, "某个语句为真" 对应的公式就是这个语句本身对应的公式, 而 "某个语句为假" 对应的公式就是这个语句对应的公式的否定。就当前的例子来说, 交叉指称项 p_0 对应的公式是 $p_0 \rightarrow p_1$。

最后, 建立交叉指称项与相应公式的对应关系, 就得到了所需的语句网。上述例子对应的语句网是 $\{p_0{:}p_0 \rightarrow p_1\}$, 因为是单元集, 也可记此语句网为$p_0{:}p_0 \rightarrow p_1$。顺便提一下, 这个语句会导致所谓的**克里悖论**, 因而这个语句又被称为**克里语句**。

① 语句网概念来自 (Bolander,2003: 87)。类似的概念或记法也曾见于 (刘壮虎, 1993; Visser, 1989; Löwe, 2006)。相关概念史可参见 (Bolander, 2003: 108)。

再如，说谎者语句对应语句网 $p_0:\neg p_0$，诚实者语句对应语句网 $p_0:p_0$。更一般地来说，3.3 节一开始提到的卡片序列 $C^n(\varepsilon_1,\cdots,\varepsilon_n)$ 对应

$$\left\{p_i:\neg^{\varepsilon_i} p_{i_n^-} \mid 1 \leqslant i \leqslant n\right\}。 \tag{4.3}$$

以后这个序列集仍然记为 $C^n(\varepsilon_1,\cdots,\varepsilon_n)$。

文兰 (2003) 在其论文中引入了一种新的有穷元悖论，这里举一例说明。

例子 4.1.1

或者语句 (4.4-2) 为假，或者语句 (4.4-3) 为假， (4.4-1)

语句 (4.4-1) 为真，并且语句 (4.4-3) 为真， (4.4-2)

如果语句 (4.4-2) 为真，那么语句 (4.4-1) 也为真。 (4.4-3)

这个例子对应的语句网为

$$\{p_0:\neg p_1 \vee \neg p_2, p_1:p_0 \wedge p_2, p_2:p_1 \rightarrow p_0\}。$$

从形式上看，这种悖论序列的特点是它含有有穷多个通常语句原子，每个原子所指向的都是其他原子的布尔组合。例子 4.1.1 代表了很大一类的悖论序列。注意，这类悖论亦可表达在语言 $\mathfrak{L}^+$ 中，但必须借助较复杂的不动点技术，而在当下的语言中，其表达可以说是直截了当的。这是新语言引入的一个诱因。

下面讨论亚布洛悖论。在这个悖论中，因为语句 Y_n 所指乃是所有使得 $k>n$ 的语句 $\neg Y_k$，因而，这个悖论可表示为

$$\left\{p_n: \bigwedge_{k>n} \neg p_k \mid n \in \mathbb{N}\right\}。$$

亚布洛悖论是一个无穷元悖论，下面再讨论一个无穷元悖论，即本书开头提到的麦吉悖论。回忆一下，麦吉悖论可以看成语句集 $\{M_k \mid k \in \mathbb{N}\}$，其中，语句 M_0 断定存在 $k \in \mathbb{N}$，M_k 为假，而对任意 $k \geqslant 0$，语句 M_{k+1} 断定 M_k 为真。容易看出，麦吉悖论对应的语句网为

$$\left\{p_0 : \bigvee_{k \geqslant 0} \neg p_k, \, p_{n+1} : p_n \mid n \in \mathbb{N}\right\}。$$

从上面的例子可以看出，任何交叉指称语句集都可由一个语句网来表达，这个语句网所展示的是这个交叉指称语句集中的交叉指称项对应哪个语句，它代表了交叉指称语句最本质的特征。

下一个问题是，语句网与悖论性之间的关系，这涉及语义。首先对公式作出解释。下面的解释本质上是经典二值的，即按命题联结词的通常意义（真值函数）在关系框架上进行解释。

定义 4.1.3　框架 $\mathcal{K} = \langle W, R\rangle$ 中的**赋值**指从变元集到 $\mathscr{P}(W)$（W 的幂集）的一个映射 $\mathcal{V}$。可把它唯一地拓展到整个公式集上（拓展后的映射仍称为赋值，仍使用原先的记号 $\mathcal{V}$），使之满足:

(1) $\mathcal{V}(\neg A) = W \setminus \mathcal{V}(A)$;

(2) $\mathcal{V}(\bigwedge \Sigma) = \bigcap\{\mathcal{V}(A) \mid A \in \Sigma\}$。

如通常所说，$\mathcal{V}(A)$ 将被称为是 A 在 $\mathcal{K}$ 相对于 $\mathcal{V}$ 的**值**。

定义 4.1.4　令 $\mathcal{V}$ 是框架 $\mathcal{K} = \langle W, R\rangle$ 上一赋值。称 $\mathcal{V}$ 是语句网 Σ 在 $\mathcal{K}$ 中的一个**可容许赋值**，如果对所有的 $\pi : A \in \Sigma$，都有

$$v \in \mathcal{V}(\pi) \xLeftrightarrow{u\,R\,v} u \in \mathcal{V}(A)。\tag{4.5}$$

上面给出的"可容许"概念类似于第三章提出的"可容许"概念，其规定也是基于相对化 T-模式。实际上，如果把"π 指向 A"看作是"π 等同于 $T\ulcorner A\urcorner$"，那么根据相对化 T-模式可知，若 A 在一个点上为真，则 π (即 $T\ulcorner A\urcorner$) 在通达此点的任意点上都为真。同理，若 A 在一个点上为假，则 π 在通达此点的任意点上都为假。这就是上述语义解释的基本思想。

下面通过例子说明，可容许赋值是对前面可容许指派的一种拓展。

例子 4.1.2　在框架 $\mathcal{K}$ 中，$\mathcal{V}$ 是 $C^n(\varepsilon_1, \cdots, \varepsilon_n)$ 的可容许赋值，当且仅当对任意的 $1 \leqslant i \leqslant n$，

$$v \notin^{\varepsilon_i} \mathcal{V}(p_i) \xLeftrightarrow{u\,R\,v} u \in \mathcal{V}\left(p_{i_n^-}\right)。\tag{4.6}$$

上例的证明可依可容许赋值的定义直接推出，略。对比定义 3.3.1. 可以看出 $\mathcal{K}$ 中存在 $C^n(\varepsilon_1,\cdots,\varepsilon_n)$ 可容许赋值，当且仅当 $\mathcal{K}$ 中存在 $C^n(\varepsilon_1,\cdots,\varepsilon_n)$ 可容许指派。

对于前面提出的例子 4.1.1，也不难证明下面的事实。

例子 4.1.3 在框架 $\mathcal{K}$ 中，$\mathcal{V}$ 是例子 4.1.1 中序列的可容许赋值，当且仅当以下三式同时成立：

$$v \in \mathcal{V}(p_0) \quad \stackrel{u\,R\,v}{\Longleftrightarrow} \quad u \notin \mathcal{V}(p_1) \text{ 或 } u \notin \mathcal{V}(p_2),$$

$$v \in \mathcal{V}(p_1) \quad \stackrel{u\,R\,v}{\Longleftrightarrow} \quad u \in \mathcal{V}(p_0) \text{ 且 } u \in \mathcal{V}(p_2),$$

$$v \in \mathcal{V}(p_2) \quad \stackrel{u\,R\,v}{\Longleftrightarrow} \quad u \notin \mathcal{V}(p_1) \text{ 或 } u \in \mathcal{V}(p_0)。$$

关于亚布洛序列，有下面的例子。

例子 4.1.4 在框架 $\mathcal{K}$ 中，$\mathcal{V}$ 是 Y 的可容许赋值，当且仅当

$$v \in \mathcal{V}(p_n) \quad \stackrel{u\,R\,v}{\Longleftrightarrow} \quad \forall m > n\,(u \notin \mathcal{V}(p_m))。$$

这表明，在命题逻辑语言中，悖论语句都可得到类似于第三章在 $\mathfrak{L}^+$ 中进行的处理：这些语句的指称特性为语句网的可容许赋值表达出来，而且这种表达通常比 $\mathfrak{L}^+$ 中的相应的表达更加直接。

4.1.2 再论悖论

前面在规定一个语句或语句序列是否是悖论时，极小自返框架发挥了重要的参考作用。在这种框架上，相对化 T-模式退化为 T-模式——那些直观上发生矛盾的序列在这种框架上也一定是矛盾的。本着同样的精神，我们作出下面的规定。

定义 4.1.5 令 $\mathcal{K} = \langle W, R\rangle$ 是一框架，Σ 是语句网。若 $\mathcal{K}$ 中不存在 Σ 的可容许赋值，那么就称 Σ 在 $\mathcal{K}$ 中是**矛盾的**。特别是若 Σ 在极小自返框架中是矛盾的，则称 Σ 是**悖论的**。

因为上述悖论性定义与第三章所规定的本质相同，所以凡第三章中由悖论性定义引申出来的概念都可类推于刚刚规定的的悖论性概念。例如，凡使得 Σ

矛盾的框架仍然称为是 Σ 的刻画框架，两个语句网具有同等的矛盾程度指的仍然是它们的刻画框架完全相同，如此等等。相关的记号在本章也同样适用。下面再次给出矛盾程度概念，其余不再一一指出。

定义 4.1.6 对语句网 Σ, Γ, 如果任何使得 Σ 矛盾的框架必定使得 Γ 也矛盾，那么称 Σ **在矛盾程度上不强于** Γ（亦可称为是 Γ **在矛盾程度上不弱于** Σ），记作：$\Sigma \lesssim \Gamma$ 或 $\Gamma \gtrsim \Sigma$。如果它们在矛盾程度上相互不强于对方，则称它们的**矛盾程度相同**或是**同等矛盾的**，记作：$\Sigma \approx \Gamma$。如果 Σ 在矛盾程度上不强于 Γ 但两者的矛盾程度又不相同，那么称前者**在矛盾程度上严格地弱于**后者（亦可称为是后者**在矛盾程度上严格地强于**前者），记作：$\Sigma < \Gamma$ 或 $\Gamma > \Sigma$。

前面已指出可容许赋值与可容许指派实质相同，因而，第三章关于语句或语句序列的悖论性结论完全适用于刚刚规定的悖论性概念。例如，仿照命题 3.3.1 的证明，类似地可证明序列 $C^n(\varepsilon_1, \cdots, \varepsilon_n)$（按式子 (4.3)）是悖论的，当且仅当集合 $\{1 \leqslant i \leqslant n \mid \varepsilon_i = 1\}$ 的元素个数是奇数。进而，在形如 $C^n(\varepsilon_1, \cdots, \varepsilon_n)$ 的序列中，那些悖论的序列与 C^n_{F} 具有相同的矛盾程度，而那些非悖论的序列与 C^n_{T} 具有相同的矛盾程度（参考命题 3.3.2）。就矛盾性的刻画而言，对任意正整数 $n = 2^i(2j+1)$，序列 C^n（仍按式子 (4.3)）是矛盾的，当且仅当 $\mathcal{K}$ 中含有高度不能被 2^{i+1} 整除的循环（参考定理 3.3.1）。就矛盾性的比较而言，对任意正整数 n、m，$C^n \lesssim C^m$，当且仅当 $(n)_2 \leqslant (m)_2$（参考定理 3.3.2）。

作为一个新例子，我们详细考察一下克里悖论。

首先，按定义 4.1.5，克里语句 $p_0 : (p_0 \to p_1)$ 并不是悖论的。事实上，只需注意，在任何框架上它都为这样的赋值实现：这个赋值在 p_0 和 p_1 上的取值都为整个论域。既然克里语句并不是悖论的，人们何以把它与所谓的克里悖论相联系？

实际上，通常的克里悖论的承担者并不是上面的克里语句[①]，而是一个语

① 此处讨论的克里悖论是“真理论”版本，此外还有集合论版本等 (Beall, 2008)。

句模式

$$\text{如果语句 (4.7) 为真, 那么\_\_\_\_。} \tag{4.7}$$

这里, 我们有意留下了一个空白, 以暗示上一形式乃是一个语句模式——只有在空白处填上一个语句才能得到一个真正的语句。让我们把上一留有空白的形式称为**克里模式**, 而把这个模式的每个代入特例, 即这个模式中随意填上一个语句所得的语句, 称为这个模式下的一个**克里语句**。例如, 在空白处填入语句"圣诞老人存在"就得到了前面提到的克里语句。

我们知道, 克里模式被认为是"悖论的", 原因在于这个模式的空白处不论填上什么语句, 该语句都可借助相应的克里模式的特例被无条件地推导出来。可见, 克里悖论中的这个推导过程与说谎者悖论中的推导过程是有区别的: 前者最后推导出的总是填在空白处的语句, 而后者最后却以矛盾作为推导的结果。从这点来看, 克里悖论之"悖"要比说谎者悖论之"悖"更宽松。也正是在这个意义上, 人们通常说克里悖论中推导出的不是矛盾, 而是"无稽之谈"。

由此可以看出, 仅当某些特定的语句填在克里模式的空白处时, 相应的克里语句才能产生矛盾。而且只有克里模式的特例确实产生矛盾, 才能认为克里悖论是在与说谎者悖论同样意义下的悖论。问题是: 什么样的语句在填入克里语句的空白处一定能导出矛盾来呢? 一个明显的选择是: 任何自相矛盾的语句。还有其他选择吗? 由此, 为了彻底回答这个问题, 需要给出克里模式一个形式, 并按悖论的严格定义来进行分析。

事实上, 克里模式对应 $\{p_0:(p_0\to A)\}$, 其中, A 是元语言符号, 代表任意公式。注意这个集合与集合 $\{p_0:(p_0\to A)\mid A\text{ 是公式}\}$ 不同, 后者甚至不是语句网, 可把前一集合看作是一个语句网模式。下面的结论回答了前面提出的问题:

命题 4.1.1 当且仅当 $p_0\wedge A$ 是矛盾的时[①], 克里模式的特例 $p_0:(p_0\to A)$

① 这里, "矛盾的"是通常意义与"重言的"相对的一个概念, 它是相对于通常公式而言的, 与前面相对于语句网规定的"(在框架上)矛盾的"意义不同。从上下文不难判断, 所说的"矛盾的"是相对于何种对象而言的。

才是悖论的。

证明

首先假设 $p_0 \wedge A$ 是矛盾的，则 $(p_0 \rightarrow A)$ 逻辑等价于 $\neg p_0$。显然有克里模式与说谎者语句具有相同的矛盾程度。因而，从说谎者语句的悖论性立刻可推知 $p_0 : (p_0 \rightarrow A)$ 也是悖论的。

反过来，首先注意到，给出任何一个经典赋值 σ（从公式集到集合 $\{T, F\}$ 的一个布尔函数），对任何一个框架 $\mathcal{K} = \langle W, R \rangle$，都存在 $\mathcal{K}$ 中的一个赋值 $\mathcal{V}_\sigma$ 使得对任何通常公式 A，若 $\sigma(A) = \mathrm{T}$，则 $\mathcal{V}_\sigma(A) = W$；若 $\sigma(A) = \mathrm{F}$，则 $\mathcal{V}_\sigma(A) = \varnothing$。事实上，$\mathcal{V}_\sigma$ 可按如下条件进行规定：对变元 π，如果 $\sigma(\pi) = \mathrm{T}$，那么令 $\mathcal{V}_\sigma(\pi) = W$；如果 $\sigma(\pi) = \mathrm{F}$，那么令 $\mathcal{V}_\sigma(\pi) = \varnothing$。由归纳易证上面规定的赋值满足要求。

现假定 $p_0 \wedge A$ 不是矛盾的，那么 p_0 与 $p_0 \rightarrow A$ 就是一致的。也就是说，存在一个经典真值指派 σ 使得 $\sigma(p_0) = \mathrm{T}$，并且 $\sigma(p_0 \rightarrow A) = \mathrm{T}$。给定任何框架 $\mathcal{K} = \langle W, R \rangle$，按上面指出的事实，$\mathcal{K}$ 中必定存在赋值 $\mathcal{V}_\sigma$，使得 $\mathcal{V}_\sigma(p_0) = W$，并且 $\mathcal{V}_\sigma(p_0 \rightarrow A) = W$。这样，$\mathcal{V}_\sigma$ 就是 $p_0 : (p_0 \rightarrow A)$ 在 $\mathcal{K}$ 中的一个可容许赋值。由 $\mathcal{K}$ 选取的任意性，立知这个特例不可能是悖论的。 ■

注意，否定性谓词对悖论的构造是否必要？克里悖论常被作为这一问题的反例看待（张建军，2002: 119）。命题 4.1.1 的意义在于，克里悖论作为一个模式，若要合乎严格意义上的悖论标准（推出矛盾），则实际上仍然是一个含有否定性谓词的悖论，而且这个悖论在矛盾程度上与说谎者悖论完全等价。但这个悖论在可证性逻辑中有特别之意义，可参见 (Boolos, 1993: 55)。

下面对悖论的处理不再局限于对特殊的悖论进行刻画或比较，而将一般性地对悖论的某些普遍性质进行探究。我们要给出若干个悖论性的等价刻画。

命题 4.1.2　公式集是悖论的，当且仅当存在一个框架，它在其中是矛盾的。

证明

必要性是显然的，只需证明充分性。为此，只需证明凡在极小自返框架中不是悖论的公式集在任意框架中也不是悖论的。

令 $\mathcal{K} = \langle W, R\rangle$ 是极小自返框架，即 $W = \{w\}$ 且 $R = \{\langle w, w\rangle\}$。再令 Σ 是语句网，并设它在框架 $\mathcal{K}$ 中有可容许赋值 $\mathcal{V}$。任取框架 $\mathcal{K}' = \langle W', R'\rangle$，往证 Σ 在 $\mathcal{K}'$ 中也一定存在可容许赋值。事实上，规定赋值 $\mathcal{V}'$ 如下：

对每个命题变元 π，

$$\mathcal{V}'(\pi) = \begin{cases} \varnothing, & \mathcal{V}(\pi) = \varnothing; \\ W', & \mathcal{V}(\pi) = W. \end{cases}$$

按归纳易证对每个通常公式 A，若 $\mathcal{V}(A) = \varnothing$，则 $\mathcal{V}'(A) = \varnothing$；否则，$\mathcal{V}'(A) = W'$。

在 W' 中任意取定两点 u，v，使得 $uR'v$。对任意 $\pi : A \in \Sigma$，首先假设 $u \in \mathcal{V}'(\pi)$，亦即 $\mathcal{V}'(\pi) = W'$，于是 $w \in \mathcal{V}(\pi)$。但 $\mathcal{V}$ 是 Σ 在 $\mathcal{K}$ 中的可容许赋值，于是 $w \in \mathcal{V}(A)$。由此，可得 $\mathcal{V}'(A) = W'$，因而有 $v \in \mathcal{V}'(A)$ 成立。反之，假设 $u \notin \mathcal{V}'(\pi)$，则 $\mathcal{V}'(\pi)$ 是空集，于是 $w \notin \mathcal{V}(\pi)$，这又蕴涵 $w \notin \mathcal{V}(A)$。这样，$\mathcal{V}'(A)$ 也是空集。 ■

上面的命题表明语句或语句集之所以为悖论的，在于它一定会在某个框架中发生矛盾，这是对悖论的相对矛盾性的一个直接表达。

在判断一个语句集是否是悖论时，只需在直观上（即基于 T-模式）从原语句集推出矛盾，即可判定它是悖论的。为了说明这一点，我们给出下面的概念。

对语句网 Σ，经典赋值 σ 是 **可容许的**①，如果对任意 $\pi : A \in \Sigma$，都有 $\sigma(\pi) = \sigma(A)$。对语句网 Σ，赋值 $\mathcal{V}$ 是 **C-可容许的**，如果对任意 $\pi : A \in \Sigma$，都有 $\mathcal{V}(\pi) = \mathcal{V}(A)$。

命题 4.1.3 语句网 Σ 是悖论的，等价于下列条件之一：

(1) Σ 不存在可容许经典赋值；

① 此规定与 (Bolander, 2003: 89) 中的定义 5.4 等价。接下来的概念“C-可容许”中的 C 代表经典 (classical) 之意。

(2) Σ 在极小自返框架中不存在 C-可容许赋值。

命题 4.1.3 的证明是容易的，可参考命题 4.1.1 和命题 4.1.2 作出，细节略。顺便说一下，命题 4.1.3 的第二个条件不可改为“Σ 在任意框架中都不存在 C-可容许赋值”。比如，考虑这样一个框架，其中含有两个相互通达但不通达自身的点。在这个框架上，说谎者 $p_0 : \neg p_0$ 存在可容许赋值，但不存在 C-可容许赋值。

本节最后结合修正理论给出悖论性的另一种等价表述，根据前述结论，对于语句网来说，使用经典赋值与在极小自返框架上使用赋值是等效的。以下除另外说明，总是固定一个极小自返框架，比如，图 1-1 中的框架 $\mathcal{K}_1 = \langle W_1, R_1 \rangle$。给定变元的一个集合 X，在 $\mathcal{K}_1$ 中可诱导出唯一的一个赋值 $\mathcal{V}_X$ 满足：$\mathcal{V}_X(\pi) = W_1$，当且仅当 π 属于 X。反之，$\mathcal{K}$ 中任何赋值 $\mathcal{V}$ 诱导出变元集 $X_{\mathcal{V}} = \{\pi \mid \mathcal{V}(\pi) = W_1\}$。在不引起混淆的前提下，$\mathcal{V}_X(A)$ 也可简记为 $X(A)$。

定义 4.1.7　给定变元集 X，语句网 Σ 的由 X 生成的**修正序列**定义如下：

(1) $X_0 = X$；

(2) $X_{\alpha+1} = \{\pi \mid \pi : A \in \Sigma, X_\alpha(A) = W_1\}$；

(3) 当 α 是极限序数时，$X_\alpha = \left\{\pi \mid \exists \beta < \alpha \left(\pi \in \bigcap_{\beta \leqslant \gamma < \alpha}(X_\gamma)\right)\right\}$。

以上规定的修正序列与古普塔和赫茨伯格所规定的① 实质相同，当然，这里规定的不涉及任何谓词或量词。还要注意，在上述规定中，语句网的一致性条件是必不可少的，不然上述定义有可能不是良好的。

例子 4.1.5　考虑序列

$$\Sigma = \left\{p_0 : \neg p_\omega, p_1 : p_0, p_2 : p_1, \cdots, p_\omega : \bigwedge_{i \in \mathbb{N}} \neg p_i\right\},$$

令 $X = \varnothing$，则 $X_1 = \{p_0, p_\omega\}$，$X_2 = \{p_1\}$，并且当 $k \geqslant 3$ 时，$X_k = \{p_0, p_1, \cdots, p_{k-3}, p_{k-1}\}$。因而，$X_\omega = \{p_i \mid i \in \mathbb{N}\}$。最后，对所有 $\alpha \geqslant \omega$，$X_\alpha = \{p_i \mid i \in \mathbb{N}\}$。

修正理论中稳定性概念② 的定义如下。

定义 4.1.8　设 X_α 是语句网 Σ 的由 X 生成的修正序列（的第 α 项）。如

① 参见 (Gupta, 1982: 182) 或 (Herzberger, 1982b: 149)。比较定义 2.3.4。

② 参见 (Gupta, 1982: 222) 或 (Herzberger, 1982b: 151)。比较定义 2.3.11。

果存在序数 α, 使得对任意的 $\beta \geqslant \alpha$, 都有 $X_\alpha = X_\beta$, 那么称 Σ 相对于 X 是**稳定的**; 否则, 称 Σ 相对于 X 是**不稳定的**。

例子 4.1.6(续) 语句网 Σ 如例子 4.1.5 规定, 则它相对于空集显然是稳定的 (在第 ω 阶段就稳定了)。实际上, 容易证明, 相对于任何变元集, Σ 总是稳定的。

在修正真理论中, 悖论的特征是相对于任何变元集 (一般被称为"假设") 都不稳定。① 命题 4.1.4 表明这种特征与定义 4.1.5 的规定是一致的。

命题 4.1.4 语句网 Σ 是悖论的, 当且仅当 Σ 对任何变元集都是不稳定的。

证明

设 $\Sigma = \{\pi_i : A_i \mid i \in I\}$, 其中, I 是指标集。首先假设 Σ 不是悖论的, 则在 $\mathcal{K}_1$ 中存在 Σ 的可容许赋值 $\mathcal{V}$。于是, 对任意 $i \in I$, $\mathcal{V}(\pi_i) = \mathcal{V}(A_i)$。定义变元集 X 如下: $X = \{\pi \mid \mathcal{V}(\pi) = W_1\}$。施超穷归纳证明: 对任意 α, $X_\alpha = X$。只需注意, 对每个序数 α, 对任意 $i \in I$, $\pi_i \in X_{\alpha+1}$, 当且仅当 $X_\alpha(A_i) = W_1$。但据归纳假设, 后一条件成立, 当且仅当 $X(A_i) = W_1$, 按 $\mathcal{V}$ 的取法和 X 的规定, 这又等价于 $\pi_i \in X$。

反之, 假设 Σ 对某个 X 是稳定的, 那么必定存在序数 α 使得对每个 $\beta \geqslant \alpha$, $X_\alpha = X_\beta$。注意, 对任意 $i \in I$, $\mathcal{V}_{X_\alpha}(\pi_i) = W_1$, 当且仅当 $\pi_i \in X_\alpha$。但后者等价于 $\pi_i \in X_{\alpha+1}$, 依据定义 4.1.7, 这又等价于 $\mathcal{V}_{X_\alpha}(A_i) = W_1$。因而, $\mathcal{V}_{X_\alpha}(\pi_i) = \mathcal{V}_{X_\alpha}(A_i)$。因而, $\mathcal{V}_{X_\alpha}$ 是 Σ 在 $\mathcal{K}$ 中的可容许赋值。 ■

我们可以把修正序列看作是决定语句网悖论性的检验过程。具体而言, 从变元的一个集合 (可看作是赋值的一个猜测) 出发, 由此构造相应的修正序列, 检验这个序列是否最终在某个阶段稳定下来。若如此, 则已经找到了原语句集的一个可容许赋值; 否则, 从变元的另一个集合出现, 执行上述程序。当初始猜测历遍命题变元的所有集合, 或者在某一步找到一赋值实现原语句集, 或者

①参见 (Gupta, 1982: 226), (Herzberger, 1982a: 492, 497) 或 (Herzberger, 1982b: 168)。比较命题 2.3.2 所规定的" H-悖论性"。

得到原语句集是悖论的。当然，由于变元的集合多达不可数多个，这个判定过程仅仅是理论上有用，在实际当中用处不大。

最后需要说明的是，假使赋值限制在极小自返框架中，悖论语句不像那些非悖论语句，最终是不能被赋予真值的 ——因为任何一个这样的赋值对这些悖论语句而言都是不稳定的。在此情况下，悖论语句的特性应由其赋值的不稳定性来进行体现。这正是赫茨伯格对悖论的处理方式。如前面介绍过的，赫茨伯格把“不稳定模式”看成是悖论语句的基本特征（Herzberger, 1982b: 146）。之所以不得不作出这样的选择当然是因为最初赋值被限制在了一个极其特殊同时也是非常平庸的框架中。

这样说并不是暗示修正序列和稳定性及其他相关概念是平庸的，笔者只是想借此表明修正理论处理悖论的方式完全可纳入到本书对悖论处理的框架中：前者仅仅是后者的一种特殊情况。当然，如果我们的视野足够广阔，而不是仅仅限于极小自返框架，那么我们不至于过早地断定悖论语句不能如非悖论语句那样被赋予真值，也不至于被迫采用所谓的“不稳定模式”来刻画悖论语句——这种做法在理论上是无可厚非的，但它并没有真正明确悖论会出现矛盾的本质，也没有表明悖论语句如通常语句那样是可以具有真值的。这就是我们一定要在所有的框架上来一般性地考查悖论语句的真正原因，框架实际上给予我们足够的思考悖论的“空间”。

§4.2　悖论与自指

在第三章讨论亚布洛悖论时，已经讨论了自指性。本节继续探讨悖论与自指的关系。我们旨在澄清两点：第一，自指是可以形式化的，如下面将马上看到的，仅仅从语句的形式就可以对语句的自指性作出判断；第二，自指与悖论的关系比人们所能想得到的更加复杂，如下面所要证明的，悖论如果是有穷的，那么就必然是自指的，并且亚布洛序列及其变形就是一些非自指的无穷悖论序列。

在谈到自指现象时，盖弗曼曾指出："语义学中那些导致已知悖论的自指是一个研究得很透的东西。"（Gaifman, 1999: 117）然而，本节的研究表明，自指并非"研究得很透的东西"，关于自指性，实际上有许多问题值得我们去探索。

4.2.1 直接自指与间接自指

前面已在语言 $\mathfrak{L}^+$ 中对指示性的自指作出了规定。本着同样的精神，可以在当前的语言中对这种自指进行规定。下面的规定来自于 (Bolander, 2003)。

定义 4.2.1 对于语句网 Σ，规定其**依赖框架**为框架 $\mathcal{K} = \langle W, R\rangle$ 如下[①]：

(1) $W = \{\pi \mid$ 存在 A 得使，$\pi : A \in \Sigma\}$。

(2) R 是 W 上二元关系，满足：$\pi_1 R \pi_2$，当且仅当存在 A，使得 $\pi_1 : A \in \Sigma$ 并且 π_2 出现在 A 中。

定义 4.2.2 如果语句网的依赖框架中含有有向循环，那就称这个语句网是**自指的**。特别是如果这个语句网所含有向循环至少有一个长度为 1，那么就称这个语句网是**直接自指的**；否则，称之为是**间接自指的**。

例如，说谎者语句 $p_0 : \neg p_0$，诚实者语句 $p_0\,[p_0 : p_0]$，以及克里语句 $p_0 : p_0 \to p_1$ 的依赖框架显然都是单点自返框架（同构于图 1-1 中的框架 $\mathcal{K}_1$），因此它们都是直接自指的。而佐丹卡片悖论 $\{p_0 : p_1, p_1 : \neg p_0\}$ 的依赖框架同构于图 1-1 中的框架 $\mathcal{K}_2$，因而它们是间接自指的。同理，对任意 $n \geqslant 1$ 时，每个 n-卡片悖论都是自指的。这与第三章 3.4 节的处理完全一致（比较命题 3.4.1）。

下面考虑超穷赫茨伯格悖论。对每个序数 α，α-元赫茨伯格悖论的第 0 个分量对应的子句为 $p_0 : \neg p_\alpha$，对所有 $0 < \beta + 1 < \alpha$，第 $\beta + 1$ 个分量对应的子句为 $p_{\beta+1} : p_\beta$，对极限序数 $\beta \leqslant \alpha$，第 β 个分量对应子句 $p_\beta : \bigwedge_{\gamma<\beta} p_\gamma$。不难看出，每个超穷赫茨伯格悖论的依赖框架中含有有向循环 $p_\omega p_1 p_\omega$，所以都是自指的（而且都是间接自指的）。

下面讨论亚布洛序列的自指性。我们将一般性地讨论亚布洛式悖论（参见

① Bolander 的叫法是"依赖（有向）图"（dependence (di)graph）(Bolander, 2003: 91)。

1.1 节)。在 n-行亚布洛式悖论中，对任意 $1 \leqslant i \leqslant n$, $j \geqslant 0$，语句 Y_j^i 的通常部分将被代之以变元 p_{jn+i}。这样，当 $i=1$ 时，因 Y_j^i 所指乃是 Y_k^n 对任意 $k>j$ 都为假，故其对应子句 $p_{jn+i}\colon \bigwedge_{k>j} \neg p_{kn+n}$。当 $1<i \leqslant n$ 时，因 Y_j^i 所指乃是 Y_k^n 对任意 $k>j$ 都为真，故其对应子句 $p_{jn+i}\colon \bigwedge_{k>j} p_{kn+i-1}$。这样，$n$-行亚布洛式悖论可形象地表示为如下的语句网：

$$\left\{\begin{array}{cccc} p_1\colon \bigwedge_{k>0} \neg p_{kn+n} & p_{n+1}\colon \bigwedge_{k>1} \neg p_{kn+n} & p_{2n+1}\colon \bigwedge_{k>2} \neg p_{kn+n} & \cdots \\ p_2\colon \bigwedge_{k>0} p_{kn+1} & p_{n+2}\colon \bigwedge_{k>1} p_{kn+1} & p_{2n+2}\colon \bigwedge_{k>2} p_{kn+1} & \cdots \\ \cdots & \cdots & \cdots & \cdots \\ p_n\colon \bigwedge_{k>0} p_{kn+n-1} & p_{2n}\colon \bigwedge_{k>1} p_{kn+n-1} & p_{3n}\colon \bigwedge_{k>2} p_{kn+n-1} & \cdots \end{array}\right\} \tag{4.8}$$

在第三章中，我们已在语言 $\mathfrak{L}^+$ 中证明亚布洛悖论是非自指的。作为对此结论的一般性推广，我们证明如下命题。

命题 4.2.1　对所有的正整数 n，n-行亚布洛式悖论都不是非自指的。

证明

注意，否定符号在 n-行亚布洛式悖论中的出现不会对其自指性产生任何影响，因此，可考虑下面的语句网 (i_n^- 的规定参见定义 3.3.1 前的规定)：

$$\left\{p_{jn+i}\colon \bigwedge_{k>j} p_{kn+i_n^-} \mid 1 \leqslant i \leqslant n, j \in \mathbb{N}\right\},$$

n-行亚布洛式悖论与上一语句网的自指性完全相同。假设上一语句网中存在有向循环 $\langle p_{j_l n+i_l} \mid 1 \leqslant l \leqslant m\rangle$，那么一方面，对每个 $1 \leqslant l < m$，根据条件 $p_{j_{l+1}n+i_{l+1}}$ 出现在公式 $\bigwedge_{k>j_l} p_{kn+(i_l)_n^-}$ 中，一定有 $j_{l+1}>j_l$ 成立。因此，$j_m>j_1$。另一方面，$p_{j_1 n+i_1}$ 出现在公式 $\bigwedge_{k>j_m} p_{kn+(i_1)_n^-}$ 中，因而有 $j_1>j_m$。矛盾！　■

关于 n-行亚布洛式矩阵，还可证明下面的定理。

定理 4.2.1　对任意 $n \geqslant 1$, $Y^n \approx C^n$，即 n-行亚布洛式悖论与 n-卡片悖论具有同等矛盾性。

这个结论实际是对定理 3.4.1 的推广，其证明是类似的，此略。这个定理表明，n- 行亚布洛式悖论的刻画框架与 n- 卡片悖论的刻画框架完全相同，因而，根据 n- 卡片悖论的刻画定理，n- 行亚布洛式悖论具有与 n- 卡片悖论完全相同的循环性。又考虑到 n- 行亚布洛式悖论是非自指的，可以认为 n- 行亚布洛式悖论是 n- 卡片悖论 C^n 按非自指序列展开的一个等循环式 (表 4-1)。[①] 套用文献 (Schlenker, 2007) 的术语，可以认为 n- 行亚布洛式悖论是由 n- 卡片悖论消去自指但保留循环性得到的。更具体一点，亚布洛悖论由说谎者悖论消去直接自指得到，而对任何大于 1 的整数，n- 行亚布洛式悖论由 n- 卡片悖论消去间接自指得到。这是非常有意思的现象，值得我们深思。

表 4-1 卡片序列与亚布洛式矩阵

n- 卡片序列 C^n	n- 行亚布洛式矩阵 Y^n			
C_1^n	Y_0^1	Y_1^1	Y_2^1	$\cdots$
C_2^n	Y_0^2	Y_1^2	Y_2^2	$\cdots$
C_3^n	Y_0^3	Y_1^3	Y_2^3	$\cdots$
$\cdots$	$\cdots$	$\cdots$	$\cdots$	$\cdots$
C_n^n	Y_0^n	Y_1^n	Y_2^n	$\cdots$

4.2.2 有穷悖论的自指性

刚刚证明了亚布洛序列是非自指的，这与先前见到的其他序列形成对照，尤其是对有穷悖论序列的考查，我们猜测有穷悖论只能是自指的。本节将证明这个结论，先给出一个似是而非的“反例”。

例子 4.2.1 子句集 $\{p_0 : p_1, p_0 : \neg p_1\}$ 是悖论但非自指的。

这个例子的证明是显然的，此略。在这个例子中，变元 p_0 指向两个不同的公式。而且被指的两个公式是相互矛盾的，这是这个例子的悖论性所在。但是，

① 在文献 (Cook, 2004) 中，n- 行亚布洛式悖论被规定为 n- 卡片序列 C^n 的“解链” (unwinding)，并证明了两者同时为悖论。在本章的语言中，对任何一个交叉指称语句集，都可类似地规定它的“解链”，并很容易地证明任何一个交叉指称语句集与其“解链”同时是悖论的。但是，是否两者具有相同的循环性则是一个待解决的问题 (见问题 4.4.4)。

在自然语言中，当我们建立悖论时，永远不会用一个语句名称同时指称两个不同的语句对象。因此，上面的例子是人为地造出来的，不会是任何悖论的语句网。这也是语句网的规定中有一致性条件的缘由。

定理 4.2.2　有穷语句网若是悖论的，则必定是自指的。

证明

令 Σ 是语句网，再令 $\mathcal{K} = \langle W, R\rangle$ 是它的依赖框架。设 Σ 是有穷集，并假设 $\mathcal{K}$ 中不含有有向循环，我们需要证明 Σ 不是悖论的。令 $W' = \{\pi_1 \in W \mid 存在\ \pi_2,使得\ \pi_1 R \pi_2\}$。对于变元集 X，如定义 4.1.7 那样，定义 Σ 的由 X 生成的长度为 ω 的修正序列 X_n $(n \in \mathbb{N})$。

我们断言上一修正序列必有不动点，也就是说，必定存在自然数 N，使得对任意 $n \geqslant N$，都有 $X_n = X_{n+1}$。注意，如果这个断言得到证明，对于任意一个变元 π，都有 $X_N(\pi) = X_{N+1}(\pi)$。如果 $\pi \in W$，那么设 A_π 是满足的 $\pi : A \in \Sigma$ 的那个 A；否则的话，设 $A_\pi = \pi$。根据修正序列的定义，$X_{N+1}(\pi) = X_N(A_\pi)$，因此，$X_N(\pi) = X_N(A_\pi)$。于是，$\mathcal{V}_{X_N}$ 就是 Σ 在单点自返框架 $\mathcal{K}_1$ 的一个 C-可容许赋值。

为证明论断，首先注意 Σ 是有穷的，所以它的依赖框架 $\mathcal{K}$ 也是有穷的。其次，我们证明：在框架 $\mathcal{K}$ 中，一定存在这样的点，没有任何一个点通达它。为简便起见，可称这样的点为源点。假设 $\mathcal{K}$ 中没有源点，则 $\mathcal{K}$ 中的点必定会形成序列 $\pi_0 \pi_1 \pi_2 \cdots$，使得 $\pi_1 R \pi_0$，$\pi_2 R \pi_1$，如此等等。但 $\mathcal{K}$ 中只含有有穷多个点，所以上一序列中的点必定重复。于是，上述序列中必定包含一个有向循环，矛盾。

根据图论中的拓扑排序方法，我们可求得函数 $f : W \to \mathbb{N}$，满足条件：只要 $\pi_1 R \pi_2$，就有 $f(\pi_1) < f(\pi_2)$。事实上，根据前面所证，可在框架 $\mathcal{K}$ 中选取一个源点，令之为 π_0。令 $\mathcal{K}'$ 是 $\mathcal{K}$ 中去掉点 π_0 及相应的边的子框架，再在 $\mathcal{K}'$ 中选取一个源点，令之为 π_1。反复重复上一过程直至穷尽 $\mathcal{K}$ 中所有点为止（因 $\mathcal{K}$ 有穷，所以此过程一定终止）。可令 $W = \{\pi_i \mid i \in I\}$。现在可构造函数 f 如

下：$f(\pi_i)=i$，对 $i\in I$。显然，f 满足所需条件。

现转而证明论断。为方便起见，不妨设 f 的值域是集合 $\{i \mid 0\leqslant i\leqslant m\}$，其中，$m$ 是某个自然数。为证明论断，只需证对每个变元 π，对每个 $0\leqslant k\leqslant m$，如果 $f(\pi)\geqslant k$，那么 $X_{n+1}(\pi)=X_n(\pi)$ 对所有满足 $n\geqslant m-k$ 的 n 都成立。由此，当 $N=m$ 时，对任意变元 π 和任意 $n\geqslant N$，都有 $X_{n+1}(\pi)=X_n(\pi)$。

对 k 施逆向归纳证明上面的结论。首先，当 $f(\pi)\geqslant m$ 时，π 不属于 X，于是 $A_\pi=\pi$。这样，对任意 $n\geqslant 0$，$X_{n+1}(\pi)=X_n(A_\pi)=X_n(\pi)$。假设 $f(\pi)\geqslant k$，又设 π' 是变元且在 A_π 中出现。因 $\pi R\pi'$，故 $f(\pi')\geqslant k+1$。由归纳假设（即 $f(\pi')\geqslant k+1$ 的情况），对任意 $n'\geqslant m-k-1$，有 $X_{n'+1}(\pi')=X_{n'}(\pi')$。因此，$X_{n'+1}(A_\pi)=X_{n'}(A_\pi)$。现在令 $n=n'+1$，则对任意 $n\geqslant m-k$（亦即，对任意 $n'\geqslant m-k-1$），$X_{n+2}(A_\pi)=X_{n+1}(A_\pi)$，也就是，$X_{n+1}(\pi)=X_n(\pi)$。 ■

定理 4.2.2 说的是，如果想到构造非自指的悖论，仅仅使用有穷多个语句是不可能做到的。这就表明，亚布洛悖论（以及其他任何一个 n-行亚布洛式悖论）作为一个非自指的悖论是“极小”的：至少需要借助可数无穷多个语句才有可能构造这种悖论。

§4.3 悖论与循环

围绕悖论的基本问题，我们已探讨了一些典型悖论的刻画问题。从所得到的结论看，框架上通达关系的循环性在对悖论序列的刻画中发挥着至关重要的作用。就所有的卡片悖论和亚布洛悖论及其变形等而言，它们在且只在含有某种循环的框架中才是矛盾的。在这个意义上，所有这些悖论之矛盾性都完全依赖于特定的循环性。那么有没有悖论，它的矛盾性不一定基于循环呢？本节就来讨论这一问题。我们将首先给出一类超穷的悖论，其矛盾性不必基于循环性，其次证明在所有的悖论中，基于循环性的悖论必定是有穷的。

4.3.1 循环依赖性

回忆一下，前面曾经定义一类叫“森林”的框架，这种框架的特点是其中不含任何循环 (除了那种非出现不可的循环，见定义 1.3.3)。

定义 4.3.1 如果语句网在森林中总是不矛盾的 (换言之，使语句网矛盾的框架一定不会是森林)，那么称之为**循环依赖的**，否则称之为是**循环独立的**。

根据前面得到的各个刻画定理，所有已经得到刻画的悖论都是循环依赖的，一个自然的问题是，是不是所有的悖论序列都是循环依赖的，回答是否定的。下面就提供两类这样的反例。

定义 4.3.2 在框架 $\mathcal{K}=\langle W,R\rangle$ 中，如果 W 中的点可形成存在无穷序列 $u_0\,u_1\cdots u_n\cdots$，使得对每个 $i\in\mathbb{N}$，$u_{i+1}\,R\,u_i$ 都成立，那么就称 $\mathcal{K}$ 是**非良基的**。

注意，框架 $\mathcal{K}=\langle W,R\rangle$ 是非良基的，当且仅当下列两个条件必有一个成立：

(1) $\mathcal{K}$ 至少含一个**有向循环**，即这样的闭路 $u_0\,u_1\cdots u_n$，其中，$u_i\,R\,u_{i+1}$ 对所有的 $0\leqslant i<n$ 都成立；

(2) $\mathcal{K}$ 至少含一个**无限有向路**，即这样的无穷序列 $w_0\,w_1\cdots w_n\cdots$，其中，任何两个点都不相同，并且 $w_{i+1}\,R\,w_i$ 对所有的 $i\in\mathbb{N}$ 都成立。

命题 4.3.1 对无穷序数 α，α-元赫茨伯格悖论在所有非良基的框架中都是矛盾的。

证明

令 $\mathcal{K}=\langle W,R\rangle$ 是框架。首先注意，赋值 $\mathcal{V}$ 是 $\mathcal{K}$ 中 α-元赫茨伯格悖论的可容许赋值，当且仅当下列条件成立：

(1) $v\in\mathcal{V}(p_0)\ \overset{u\,R\,v}{\Longleftrightarrow}\ u\notin\mathcal{V}(p_\alpha)$；

(2) 对每个 $\beta+1<\alpha$，$v\in\mathcal{V}(p_{\beta+1})\ \overset{u\,R\,v}{\Longleftrightarrow}\ u\in\mathcal{V}(p_\beta)$；

(3) 对每个极限序数 $\beta\leqslant\alpha$，$v\in\mathcal{V}(p_\beta)\ \overset{u\,R\,v}{\Longleftrightarrow}$ 任意 $\gamma<\beta$，都有 $u\in\mathcal{V}(p_\gamma)$。

现设 $\mathcal{K}$ 含有无穷序列

$$w_0\, w_1\, w_2 \cdots w_n \ldots$$

使得 $w_{i+1}\, R\, w_i$ 对任意自然数 i 都成立。再假设 $\mathcal{V}$ 是 α-元赫茨伯格悖论在 $\mathcal{K}$ 中的可容许赋值，则或者 $w_0 \in \mathcal{V}(p_\alpha)$，或者 $w_0 \notin \mathcal{V}(p_\alpha)$。

对 $w_0 \in \mathcal{V}(p_\alpha)$ 的情形，将就 α 为极限序数或为后继序数两种子情形进行考虑。首先，当 α 为极限序数时，则 $w_1 \in \mathcal{V}(p_\beta)$ 对所有的 $\beta < \alpha$ 都成立，这相当于说 $w_1 \in \mathcal{V}(p_0)$ 并且 $w_1 \in \mathcal{V}(p_{\beta+1})$ 对所有的 $\beta < \alpha$ 都成立。由条件 (2)，必有对所有 $\beta < \alpha$，$w_1 \in \mathcal{V}(p_\beta)$ 都成立。应用归纳法，可得到对每个 $k \geqslant 1$，$w_k \in \mathcal{V}(p_\beta)$ 对所有的 $\beta < \alpha$ 都成立。特别是 $w_3 \in \mathcal{V}(p_\beta)$ 对所有的 $\beta < \alpha$ 成立。然而，由 $w_1 \in \mathcal{V}(p_0)$ 可得 $w_2 \notin \mathcal{V}(p_\alpha)$。因此，存在序数 $\beta < \alpha$，使得 $w_3 \notin \mathcal{V}(p_\beta)$，矛盾。

当 α 为后继序数时，则 α 可写作 $\alpha' + n$，其中，α' 是极限序数，而 n 是自然数。于是，由 $w_0 \in \mathcal{V}(p_\alpha)$，知 $w_n \in \mathcal{V}(p_{\alpha'})$。因而，这种子情况可化归为前一子情况。

对于 $w_0 \notin \mathcal{V}(p_\alpha)$ 的情形，我们来证存在自然数 n，使得 $w_n \notin \mathcal{V}(p_0)$。若如此，则 $w_{n+1} \in \mathcal{V}(p_\alpha)$，因而这一情形又可化归为前一情形，证明即可结束。事实上，考虑序数集

$$\{\beta \leqslant \alpha \mid \exists n \in \mathbb{N}\,(w_n \notin \mathcal{V}(p_\beta))\}\,, \tag{4.9}$$

它明显是非空的（比如，α 就是它的一个元素）。由序数集的良基性，其中必存在一个极小元。此极小元必是 0，因为假若它大于 0，设之为 β，它使得 $w_n \notin \mathcal{V}(p_\beta)$。根据条件 (2) 或 (3)，一定存在比 β 更小的序数 γ，使得 $w_{n+1} \notin \mathcal{V}(p_\gamma)$，这与 β 在集合 (4.9) 中的极小性相矛盾。 ■

命题 4.3.2 麦吉悖论在所有非良基的框架中都是矛盾的。

证明

首先注意，$\mathcal{V}$ 是 $\mathcal{K}$ 中麦吉论可容许赋值，当且仅当

(1) $v \in \mathcal{V}(p_0) \overset{u\,R\,v}{\Longleftrightarrow}$ 存在 $n \geqslant 0$，使得 $u \in \mathcal{V}(p_n)$；

(2) 对任意 $n \geqslant 0$, $v \in \mathcal{V}(p_{n+1}) \overset{u\,R\,v}{\Longleftrightarrow} u \in \mathcal{V}(p_n)$。

设 $\mathcal{K}$ 含有无穷序列

$$w_0\, w_1\, w_2 \cdots w_n \cdots$$

使得 $w_{i+1}\,R\,w_i$ 对任意自然数 i 都成立。再假设 $\mathcal{V}$ 是麦吉悖论在 $\mathcal{K}$ 中的可容许赋值，仍分 $w_0 \in \mathcal{V}(p_0)$, $w_0 \notin \mathcal{V}(p_0)$ 两种情形进行考虑。

先考虑 $w_0 \notin \mathcal{V}(p_0)$ 的情况。由条件 (1)，对任意 $n \geqslant 0$，都有 $w_1 \in \mathcal{V}(p_n)$。特别是有 $w_1 \in \mathcal{V}(p_0)$，于是，再由条件 (1)，可找到 $N \geqslant 0$，使得 $w_2 \notin \mathcal{V}(p_N)$。这样，由条件 (2)，有 $w_1 \notin \mathcal{V}(p_{N+1})$。这与 $w_1 \in \mathcal{V}(p_{N+1})$ 发生矛盾。

再考虑 $w_0 \in \mathcal{V}(p_0)$ 的情况。由条件 (1)，存在 $N \geqslant 0$，都有 $w_1 \notin \mathcal{V}(p_N)$。反复利用条件 (2)，可得到：$w_2 \notin \mathcal{V}(p_{N-1})$, $w_3 \notin \mathcal{V}(p_{N-2})$, $w_3 \notin \mathcal{V}(p_{N-4})$，如此等等，直到 $w_{N+1} \notin \mathcal{V}(p_0)$。这样，这种情况就归结为前一种情况了。 ■

上述两个结论表明，超穷 α-元赫茨伯格悖论和麦吉悖论不但可以在含有有向循环的框架中是矛盾的，而且还可以在含有无穷有向路的框架中也是矛盾的。因此，即便框架不含任何循环，它们也可能在这样的框架中矛盾。所以，它们都是循环独立的。

值得指出上述两个命题的另一层意义是，它把真理论悖论与非良基集联系在一起，因而，非良基集有望可通过这样的悖论得到处理。①

最后给出一个推论。

推论 4.3.1　超穷 α-元赫茨伯格悖论和麦吉悖论都不是紧致的。

证明

只对 α-元赫茨伯格悖论进行证明。考虑框架 $\mathcal{K} = \langle \mathbb{N}, R \rangle$，其中，$R$ 规定为 $m\,R\,n$，当且仅当 $m = n + 1$。$\mathcal{K}$ 显然是非良基的，故根据命题 4.3.1，α-元赫茨伯格悖论在 $\mathcal{K}$ 中是矛盾的，下面只需证它在 $\mathcal{K}$ 的任何有穷子框架中都不矛

① 笔者注意到 (Antonelli, 1994) 已经通过"修正规则"发展出一套处理非良基集的理论，已经看到，所谓的修正规则只不过是框架的一种特殊情况，因而 Antonelli 的理论在这里也可以得到实现。

盾。因为任何公式集在一个框架中不矛盾，当且仅当它在这个框架的任意连通分支中都不矛盾，所以，只需考虑 $\mathcal{K}$ 的有穷连通子框架。

任意固定一个数 k，令 $\mathcal{K}'$ 为 $\mathcal{K}$ 限制到集合 $\mathbb{N}_{k+1}$ 上得到的子框架。我们来证明 α-元赫茨伯格序列在 $\mathcal{K}'$ 中不矛盾。事实上，在 $\mathcal{K}'$ 中固定赋值 $\mathcal{V}$，使得对任意 $0 \leqslant \beta \leqslant \alpha$，

$$\mathcal{V}(p_\beta) = \{0 \leqslant i \leqslant k \mid \beta \neq k - i,\ \beta\ \text{不是极限序数}\}。$$

则不难验证 $\mathcal{V}$ 是 α-元赫茨伯格悖论在 $\mathcal{K}'$ 中的可容许赋值。 ■

4.3.2 有穷悖论的循环性

截止目前，我们所看到的循环独立悖论全都是无穷元的。一个自然的问题就是，是否存在有穷元的循环独立悖论。下面将证明任何有穷元悖论必定是循环依赖的，

例子 4.3.1 子句集 $\{p_0 : p_1, p_0 : \neg p_1\}$ 在一个框架中是矛盾的，当且仅当此框架中的二元关系不为空关系。

证明

必然性显然。对充分性，只需注意如果一个框架含有两点 u, v，使得 u 通达 v，那么对此框架中任何赋值 $\mathcal{V}$，不论 $u \in \mathcal{V}(p_0)$ 成立与否，都会有 $v \in \mathcal{V}(p_1)$ 及 $v \in \mathcal{V}(\neg p_1)$，此为矛盾。 ■

因为不论何种子句集，它在空关系的框架中都不是矛盾的，所以，上一结论意味着子句集 $\{p_0 : p_1, p_0 : \neg p_1\}$ 在矛盾程度上必定不弱于任何其他子句集。在这个意义上，此子句集的矛盾程度是最大的。但这个子句集没有对应的悖论，因为它不满足一致性条件。

定理 4.3.1 语句网若是有穷的则必定是循环依赖的。

显然，为证定理 4.3.1，只需证明有穷语句网在树中都不是矛盾的。下面通过一个例子来说明证明的基本想法。

例子 4.3.2 令 Σ 是语句网 $\{p_0 : \neg p_1 \vee \neg p_2, p_1 : p_0 \wedge p_2, p_2 : p_1 \rightarrow p_0\}$。容易

验证 Σ 是悖论的。现给定树 $\mathcal{K}$，如图 4-1 所示。问题：如何确定 $\mathcal{K}$ 中一赋值，使之是 Σ 的可容许赋值？

为找到所求赋值，需要确定命题变元 p_0，p_1 和 p_2 在 $\mathcal{K}$ 中各点处的真值。为此，首先选取一点作为“起点”，如 u_1。可以猜测以上三个变元在此点处的真值。

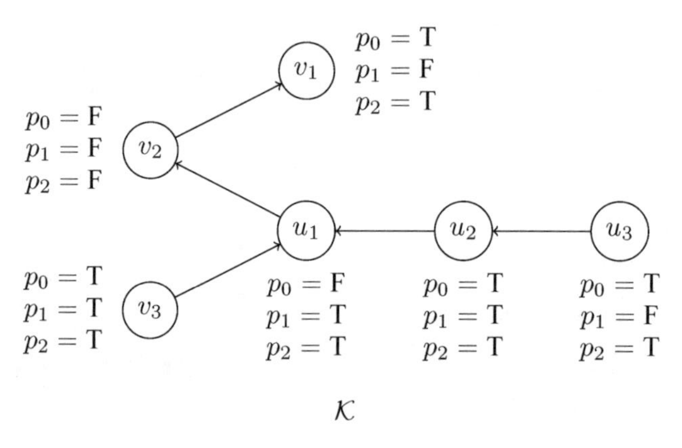

图 4-1　可容许赋值示意

例如，可猜在点 u_1 处，p_0 为假，p_1，p_2 为真，则在 u_2（及 v_3）处，$\neg p_1 \vee \neg p_2$ 为假，而 $p_0 \wedge p_2$，$p_1 \to p_0$ 为真。于是，p_0，p_1 和 p_2 在 u_2（及 v_3）处都必须为真。类似地，从刚刚得到的在 u_2 处的真值，可“跳跃”到 u_3 处，得到 p_1 为假，而 p_0，p_2 为真。然而，在点 v_2 处，真值的计算过程刚好与之前的计算相反：从在 u_1 处的真值，首先计算得到，$\neg p_1 \vee \neg p_2$，$p_0 \wedge p_2$ 和 $p_1 \to p_0$ 在 u_1 处都为假，然后得到 p_0，p_1 和 p_2 在 v_2 处都为假。与之类似，可得在 v_1 处，p_1 为假，而 p_0 和 p_2 都为真。由此，最后就求得了一个赋值使得：p_0 在且只在 u_2，u_3 和 v_1 三点为真，p_1 在且只在 u_1，u_2 和 v_3 三点为真，p_2 在除 v_1 之外的所有点都为真（图 4-1）。显然，此赋值是 ψ 在 $\mathcal{K}$ 中的可容许赋值。

从上面的计算过程可以看出，寻找符合要求的赋值过程就好像是以一个猜测作为起点的搜索过程。搜索的关键在于如何从相关命题变元在一点处的真值“跳到”命题变元在与之相邻的点处的真值，而且还得保证这种跳跃总能无穷尽地持续下去（因为树可能是无穷的）。这种跳跃（按箭头指向）可能是“向前的”（比如，从 u_1 到 v_2），也可能是“向后的”（比如，从 u_1 到 u_2）。显然，向前的跳跃总是可行的，但向后的跳跃却不然。寻找赋值的过程主要的难点就在于不是每次向后的跳跃都能成功。

例如，在上面的例子中，如果初始的猜测是在 u_1 处，p_0 为真，而 p_1 和 p_2 都为假，那么从 u_1 跳到 u_2，我们将得到 p_0 和 p_2 都为假，但 p_1 为真。然而，当我们试图由 u_2 跳到 u_3 时，将发现此路不通。原因是，由 u_2 处命题变元的真值可推得在 u_3 处 p_0 必须既为真又为假，这是不可能的。

为了解决上述困难，可使最初的猜测不那么随意，以便在以后的各次跳跃中都能顺利地进行下去。解决之道是去寻找相关命题变元真值列的一个“循环链条”，使得此链条中的任何真值列都是它（紧接着的）之前真值列的一次成功的向前跳跃。对于上一例子中的公式，这样一个链条已依序显示在点 v_1（此处真值列为：p_0 为真，p_1 为假，p_2 为真），v_2，u_1，u_2，最后到 u_3（此处真值列重复之前刚刚提到的那个）。显然，选取这个链条中任何一个真值列作为初始猜测，由此猜测出发，按照链条中的次序，不难“历遍”整个树的其他所有点，逐步计算命题变元 p_0，p_1 和 p_2 在各点处的真值。整个计算过程不过是例行的归纳过程。

余下的问题是，如何事先确定出相关命题变元真值列的一个“循环链条”。有意思的是，回答仍然是进行“猜测”。但这次可从相关命题变元的任何真值列出发来进行。正如先前从 u_1 到 v_2 所做的跳跃那样，我们总可以从此真值列出发“向前”进行跳跃。不断地向前跳跃，一定会出现所需的“循环链条”，因为相关的命题变元只有有穷多个，它们的真值列只有有穷多种可能。这也同时解释了为什么整个定理的条件要求悖论序列只能含有有穷多个公式。

比如，以真值列：p_0 为假，p_1 为真，p_2 为假作为初始猜测，可（向前）跳到真值列：p_0 为真，p_1 为假，p_2 为假，然后再跳到真值列：p_0 为真，p_1 为假，p_2 为真，如此等等，直至刚刚提到的最后一个真值列再次出现为止。因而，我们

最终就得到了变元 p_0，p_1，p_2 真值列的一个循环链条（图 4-2）。①

$$\begin{matrix} p_0=F & & p_0=T & & p_0=T & & p_0=T & & p_0=F & & p_0=F & & p_0=T \\ p_1=T & \longrightarrow & p_1=F & \longrightarrow & p_1=F & \longrightarrow & p_1=T & \longrightarrow & p_1=T & \longrightarrow & p_1=F & \longrightarrow & p_1=F \\ p_2=F & & p_2=F & & p_2=T & & p_2=T & & p_2=T & & p_2=F & & p_2=T \end{matrix}$$

图 4-2　真值列循环链条的产生

定理 4.3.1 的证明：

对语句网 $\Sigma=\{\pi_i:A_i\mid 1\leqslant i\leqslant n\}$，令 Π 是集 $\{\pi_i\mid 1\leqslant i\leqslant n\}$，我们将使用 Π 的子集来代表变元的真值列。

给定 Π 的子集 G，归纳定义 Π 的子集 G_i $(i\in\mathbb{N})$ 如下：$G_0=G$，并且 $G_{k+1}=\left\{\pi_i\mid 1\leqslant i\leqslant n, G_k\cup G_k^-\cup\{A_i\}\text{是可满足的}\right\}$，其中，$G_k^-$ 是 $\{\neg\pi\mid\pi\notin G_k\}$。注意，这里说一个公式集是可满足的，意思是存在一个经典真值赋值，使得该公式集中的任何公式中这个赋值下都为真。

因 Π 是有穷集，故必存在最小的自然数 l，使得存在 $m\geqslant l$ 满足 $G_m=G_l$。这一点，正是对上面例子中所说的“真值列的循环链条”的严格表达。

任意给定一个树 $\mathcal{K}=\langle W,R\rangle$，固定 W 中一个点 u，对 W 中任何一个点 v，因为从 u 到 v 只可能有唯一的一条轨道，所以，可以把这条道路的长度规定为 u 和 v 之间的**距离**（记为：$\mathrm{d}(u,v)$）。下面将对 $\mathrm{d}(u,v)$ 归纳定义 Π 的子集 G_v，使得 G_v 是某个 G_k，这里 $l\leqslant k<m$。

当 $\mathrm{d}(u,v)=0$ 时，v 恰好是 u，令 $G_v=G_l$。当 $\mathrm{d}(u,v)=k+1$ 时，则 W 中必定存在唯一一个 w 使得 v 和 w 是相邻的且 $\mathrm{d}(u,w)=k$。按归纳假设，G_w 已经定义好，令 $G_w=G_k$，其中 $l\leqslant k<m$。现设 wRv，若 $l\leqslant k<m-1$，则定义 G_v 为 G_{k+1}；若 $k=m-1$，则定义 G_v 为 G_l。否则（则必有 vRw），若 $l<k<m$，则定义 G_v 为 G_{k-1}；若 $k=l$，则定义 G_v 为 G_{m-1}。由归纳法易证对 W 中每个点 v，G_v 是唯一规定了的并且 G_v 必定是某个 G_k $(l\leqslant k<m)$。

① 这里出现的循环链条有些类似于赫茨伯格的“巨循环”，后者出现在 (Herzberger, 1982b: 150-153) 中，但我们的循环链条是有穷的，并且只需经过有穷多步计算即可达到。

现可规定 $\mathcal{K}$ 中赋值 $\mathcal{V}$，使得 $\mathcal{V}(\pi) = \{v \in W \mid \pi \in G_v\}$。我们断定 $\mathcal{V}$ 是 Σ 在 $\mathcal{K}$ 中的可容许赋值。为证明之，在 W 中任意固定两个点 v, w 使得 $w R v$。令 $G_w = G_k$ ($l \leqslant k < m$)，考虑以下两种情况。

情形 1：$l \leqslant k < m-1$，此时 $G_v = G_{k+1}$。对任何 $1 \leqslant i \leqslant n$，假设 $v \in \mathcal{V}(\pi_i)$，亦即 $\pi_i \in G_v$，则 $G_k \cup G_k^- \cup \{A_i\}$ 必是可满足的。因而，存在一经典真值指派 σ，使得 $\sigma(\pi) = T$ 对 $\pi \in G_k$ 都成立，$\sigma(\pi) = F$ 对 $\pi \notin G_k$ 都成立，并且 $\sigma(A_i) = T$ 成立。按结构归纳可以证明：$w \in \mathcal{V}(A_i)$，当且仅当 $\sigma(A_i) = T$。因此，得到 $w \in \mathcal{V}(A_i)$。

反之，假设 $v \notin \mathcal{V}(\pi_i)$，则 $G_k \cup G_k^- \cup \{A_i\}$ 不是可满足的。令 σ 是这样的真值指派，使得 $\sigma(\pi) = T$ 对 $\pi \in G_k$ 都成立，并且 $\sigma(\pi) = F$ 对 $\pi \notin G_k$ 都成立。于是，$\sigma(A_i) = F$。如上仍有 $w \in \mathcal{V}(A_i)$，当且仅当 $\sigma(A_i) = T$。因此，$w \notin \mathcal{V}(A_i)$。

情形 2: $k = m-1$，此时 $G_v = G_l$。因 $G_l = G_m$，故这一情形的证明与上一情形类似，此略。

以上所证，已经表明 $\mathcal{V}$ 确实是 Σ 在 K 中的可容许赋值。 ■

定理 4.3.1 表明，所有有穷的悖论都是循环依赖的，也就是说，不可能出现这样的悖论，它的承载者是有穷多个语句，但它出现矛盾的场合完全不依赖于任何真循环。考虑到麦吉悖论所含语句有可数无穷多个，我们可以认为在所有的悖论中，就其具有循环独立性而言，它是极小的。当然，就语句的个数多少来说，ω-元赫茨伯格悖论也只含有可数无穷多个语句，因而也是极小的。但是，ω-元赫茨伯格悖论中语句的编号使用了超穷序数 ω，而麦吉悖论中语句的编号只使用了自然数，所以，后者比前者更简单。

§4.4 隐定义的悖论

通常，我们是直截了当地给出一个或一组语句，然后证明它们会导致悖论。也就是说，我们先给出了表达悖论的语句，然后才有悖论。这种悖论可以称作是**显定义的**。但在理论上，我们还会考虑相反的问题：一个悖论，如果只是给出了其中的语句应满足的条件，但这些语句究竟是何形式尚不明晰，甚至根本无法使用相应的语言进行表达，那么就称这样的悖论是**隐定义的**。本节主要考虑隐定义的悖论。

4.4.1 跳跃说谎者悖论

我们首先给出一类隐定义的悖论，然后确定其刻画框架。如正常情况，在框架 $\mathcal{K}$ 中，将用 $u\,R^n\,v$ 表示存在 $u_i \in W\,(0 \leqslant i \leqslant n)$，使得 $u = u_0$, $u_1\,R\,u_2$, $u_2\,R\,u_3$, $\cdots$, $u_{n-1}\,R\,u_n$，最后 $u_n = v$。

定义 4.4.1 对正整数 n，令语句网 Σ_n 满足：$\mathcal{V}$ 是 Σ_n 在框架 $\mathcal{K}$ 中的可容许赋值，当且仅当

$$v \in \mathcal{V}(p) \overset{u\,R^n\,v}{\Longleftrightarrow} u \notin \mathcal{V}(p). \tag{4.10}$$

上面实际上隐定义了一个语句网 Σ_n，当 $n = 1$ 时，Σ_n 有显式 $p\!:\!\neg p$ 满足条件，但对于其他 n，尚不知 Σ_n 的显式。正如下面会看到的，对任意的 n，定义 4.4.1 给出的条件唯一地确定了一个刻画框架类。而具有同一框架类的悖论可视作是等价的。在这个意义下，对任意的 n，定义 4.4.1 唯一地确定了一个悖论，因而，我们把定义 4.4.1 所规定的悖论称为是 n-**跳跃说谎者悖论**。注意，当 $n = 1$，n-跳跃说谎者悖论就是说谎者悖论。

下面着手进行上述悖论的刻画工作。我们仍然先把 n-跳跃说谎者悖论的可容许赋值的存在性问题转化为图论的着色存在性问题。

定义 4.4.2 框架 $\mathcal{K}$ 中的一个 n-**跳跃着色**是从 W 到集合 $\{0,1\}$ 的映射 c，满足：只要 $u\,R^n\,v$，就有 $c(u) \neq c(v)$。

注意，当 $n = 1$ 时，n-跳跃着色就是定义 3.1.3 中的着色。引理 4.4.1 是显然的。

引理 4.4.1 框架 $\mathcal{K}$ 中存在 n-跳跃说谎者悖论的可容许赋值，当且仅当其中存在 n-跳跃着色。 ■

为了描述 n-跳跃说谎者悖论的刻画框架，我们给出一些图论概念。

定义 4.4.3 在 $\mathcal{K}$ 中，点 u，v 被称作是**间隔** n**-跳跃**，如果 $u\,R^n\,v$，$v\,R^n\,u$ 至少有一个成立。W 中的点序列 $u_0\,u_1\,\cdots\,u_m$ 被称作是 **长度为** m **的** n**-跳跃路**，如果对每个 $0\leqslant i<m$，u_i，u_{i+1} 都是间隔 n-跳跃。其中，u_0，u_m 分别被称作是此 n-跳跃路的**端点**。两个端点相同的 n-跳跃路被称作是 n**-跳跃闭路**，n-跳跃闭路，若其中除了两个端点外其余点皆不重复出现，则可称作是 n**-跳跃循环**。

例如，在图 1-1 中，$\mathcal{K}_1$ 中的循环 $u\,u$ 对任意 $n\geqslant 1$ 而言都是长度为 1 的 n-跳跃循环，而 $\mathcal{K}_2$ 中的循环 $v_1\,v_2\,v_1$ 对任意偶 $n>0$ 而言都是长度为 2 的 n-跳跃循环。为简便起见，具有奇数长度的 n-跳跃路可简称为 n-跳跃奇闭路。下面的结论是刻画 n-跳跃说谎者悖论的主要引理。

引理 4.4.2 框架 $\mathcal{K}$ 中存在 n-跳跃着色，当且仅当 $\mathcal{K}$ 中不含 n-跳跃奇闭路。

为证此引理，我们给出定义 4.4.4。

定义 4.4.4 对 $\mathcal{K}$ 中任意两点 u, v, 定义 $\mathbb{N}$ 的子集 $D^n(u,v)$, 满足：当 $u=v$ 时，若 $u\,R\,v$，则 $D^n(u,u)=\mathbb{N}$；否则，$D^n(u,u)=\{0\}$。当 $u\neq v$ 时，$m\in D^n(u,v)$，当且仅当 $\mathcal{K}$ 中存在长度为 m 且端点为 u 和 v 的 n-跳跃路。

引理 4.4.3 如果框架 $\mathcal{K}$ 中不含 n-跳跃奇闭路，那么对 $\mathcal{K}$ 中任意点 u，v，$D^n(u,v)$ 中不可能同时含有奇数和偶数。 ■

在下面的证明中，当 $D^n(u,v)$ 非空时，我们依据其中含有奇数（偶数）称之为奇的（偶的）。

引理 4.4.2 的证明

必要性容易使用反证法得到，下面只证充分性。设 $\mathcal{K}=\langle W,R\rangle$ 中不含 n-跳跃奇闭路。所需着色将通过超穷递归进行规定。

阶段 0：任意固定 W 中点 w_0，令

$$W_0=\{x\in W\mid D^n(w_0,x)\neq\varnothing\}.$$

因 $w_0 \in W_0$，W_0 是非空的。定义 $c_0 : W_0 \to \{0,1\}$ 如下：

$$c_0(x) = \begin{cases} 0, & D^n(w_0,x) \text{ 为偶}; \\ 1, & D^n(w_0,x) \text{ 为奇}。\end{cases}$$

阶段 α：令 $G_\alpha = \bigcup_{\beta<\alpha} W_\beta$，以及 $B_\alpha = W \setminus G_\alpha$。假设 $B_\alpha \neq \varnothing$，可在 B_α 中取点 w_α，并令

$$W_\alpha = \{x \in B_\alpha \mid D^n(w_\alpha, x) \neq \varnothing\}。$$

注意，W_α 非空，并与 G_α 无交。定义 $c_\alpha : G_\alpha \cup W_\alpha \to \{0,1\}$ 如下：对任意 $\beta < \alpha$，c_α 在 W_β 上的限制刚好是 c_β；对任意 $x \in W_\alpha$，

$$c_\alpha(x) = \begin{cases} 0, & D^n(w_\alpha,x) \text{ 为偶}; \\ 1, & D^n(w_\alpha,x) \text{ 为奇}。\end{cases}$$

上述构造的想法是，我们分阶段用 c_α 去逼近所需的着色。集合 G_α 中含有那些"好"点，即那些在阶段 α 前就已被着色的点，而 B_α 中的点是"坏的"：这些点直到阶段 α 都未能被着色。当然，随着阶段数逐步增加，我们一定会消除越来越多的坏点，直至把所有点都变为好点。下面就来证明这一点。

首先注意，对任意 $x \in G_\alpha$，$D^n(w_\alpha, x) = \varnothing$。这是因为假设不然，则必定存在序数 $\beta < \alpha$ 和点 $x \in W_\beta$，使得 $D^n(w_\alpha, x) \neq \varnothing$。按 W_β 的规定，$D^n(w_\beta, x) \neq \varnothing$。因此，点 w_α 和 x 间存在一个 n-跳跃路，并且点 w_β 和 x 间存在一个 n-跳跃路。这样，点 w_α 和 w_β 间存在一个 n-跳跃路。换言之，w_α 属于 W_β，矛盾。

注意，c_α 定义在集合 $G_\alpha \cup W_\alpha$ 上。但 G_α 与 W_α 无交，因此上一结论保证了 c_α 在任何一个点上都不会出现相互冲突的值。因此，c_α 是良好定义的。顺便提一句，对任意 $\beta < \alpha$，c_α 都是 c_β 的真扩张。

论断 4.4.1：B_α 在某个阶段必定是空集。

用反证法，假设对任意序数 α，B_α 都是非空的，则 W_α 也是非空的。但对任意不相同的序数 α 和 β，W_α 与 W_β 都无交。这意味着集合 W 包含了序数多个子集，这是不可能的。

现在，根据上述论断，可令前述递归构造在阶段 δ 终止，亦即 $B_\delta = \varnothing$，但对 $\alpha < \delta$，$B_\alpha \neq \varnothing$。注意，$G_\delta$ 恰好是域 W。令 c 是所有 c_α （$\alpha < \delta$）的并，即 $c = \bigcup_{\alpha<\delta} c_\alpha$。则 c 是从 W 到 $\{0,1\}$ 的映射。

论断 4.4.2：c 是 $\mathcal{K}$ 中的 n-跳跃着色。

为证明这个论断，任取两点 u，v，使得 $u\,R^n\,v$。注意，$u \neq v$。令 α 是使 $c_\alpha(u)$ 有定义的第一个序数。考虑下面两种情形。

情形 1：$c(u) = 0$。当 $u = w_\alpha$ 时，因 $u\,R^n\,v$，故有 $1 \in D^n(w_\alpha, v)$。据引理 4.4.3，$D^n(w_\alpha, v)$ 为奇。由此可得 $c_\alpha(v) = 1$，因此，$c(v) = 1$。当 $u \neq w_\alpha$ 时，$D^n(w_\alpha, u)$ 必为偶。于是，由 $u\,R^n\,v$ 和引理 4.4.3，$D^n(w_\alpha, v)$ 为奇。这样，$c(v) = c_\alpha(v) = 1$。

情形 2：$c(u) = 1$。此时，必有 $u \neq w_\alpha$。因此，$D^n(w_\alpha, u)$ 必为奇，再次根据 $u\,R^n\,v$ 和引理 4.4.3，可知 $D^n(w_\alpha, v)$ 为偶。因此，$c(v) = c_\alpha(v) = 0$。

综上，c 是 $\mathcal{K}$ 中的 n-跳跃着色。 ■

引理 4.4.4　每个 n-跳跃奇闭路中都包含有 n-跳跃奇循环。

证明

对 m 使用数学归纳证明：如果一个 n-跳跃闭路的长度为 $2m+1$，那么它必定含有 n-跳跃奇循环。$m = 0$ 的情形是平庸的。

对 $m > 0$，令 $\xi = u_0\,u_1\,\cdots\,u_{2m+1}$ （$u_{2m+1} = u_0$）是一个 n-跳跃闭路。如果 ξ 所有点除了 $u_0 = u_{2m+1}$ 外，其余点都不是重复的，那么 ξ 本身就是一 n-跳跃奇循环。否则，在点 u_i （$0 \leqslant i \leqslant 2m+1$）中，可取点 u_{i_0}，u_{j_0}，使得 $i_0 < j_0$，u_{i_0} 与 u_{j_0} 相同，但它们中至少有一个点不是 ξ 的端点。考虑 ξ 从 u_{i_0} 到 u_{j_0} 的子路。显然，这条子路是闭的，并且其长度小于 $2m+1$。

如果上一子路的长度为奇数，那么根据归纳假设，此子路必定包含有 n-跳跃奇循环。当然，这个循环也必定包含着原来的路 ξ 中。否则的话，考虑从 u_0 到 u_{i_0} 的子路与从 u_{j_0} 到 u_{2m+1} 的子路在点 u_{i_0}（也就是 u_{j_0}）处的连接。显然，上述连接得到的路必定是闭的。又因为路 ξ 的长度为奇数，所以，该条路必定是奇数长度的，当然，其长度必然小于 $2m+1$。再一次根据归纳假设，同样可以得到包含在 ξ 中的一 n-跳跃奇循环。 ■

现在，联合引理 4.4.1、引理 4.4.2 及引理 4.4.4，立刻可以得到 n-跳跃说谎者悖论的刻画定理。

定理 4.4.1 对任意正整数 n，n-跳跃说谎者悖论在一个框架中是矛盾的，当且仅当该框架含有 n-跳跃奇循环。 ■

最后，我们给出一些推论。

推论 4.4.1 设 m 和 n 是两个正整数。

(1) 若存在正整数 l，使得 $m=(2l+1)n$，则 m-跳跃说谎者悖论的矛盾程度（严格）弱于 n-跳跃说谎者悖论的；

(2) 若 m 和 n 任一个都不是另一个的奇数倍倍数。则 m-跳跃说谎者悖论与 n-跳跃说谎者悖论在矛盾程度上是不可比较的。

证明

当 $m=(2l+1)n$ 时，注意 m-跳跃奇循环必定也是 n-跳跃奇循环，因此，根据定理 4.4.1，m-跳跃说谎者悖论的矛盾程度小于或等于 n-跳跃说谎者悖论的矛盾程度。余下只需证明它们的矛盾程度不相等。为此，考虑框架 $\mathcal{K}=\langle W,R\rangle$，其中

$$
\begin{aligned}
W &= \{k\in\mathbb{N}\mid 0\leqslant k<3n\},\\
R &= \{\langle i,i+1\rangle\mid 0\leqslant i<2n\}\cup\{\langle i+_{3n}1,i\rangle\mid 2n\leqslant i<3n\}。
\end{aligned}
$$

可称 $\mathcal{K}$ 为边长为 n 的**等边三角框架**（图 4-3）。

容易看出，边长为 n 的等边三角框架中含有长度为 3 的 n-跳跃循环，但不含任何 m-跳跃循环（注意 $l>0$）。因此，再次根据定理 4.4.1，在边长为 n 的等边三角框架中，n-跳跃说谎者悖论是矛盾的，但 m-跳跃说谎者悖论不是矛盾的。由此，这两个悖论的矛盾程度不可能相同。

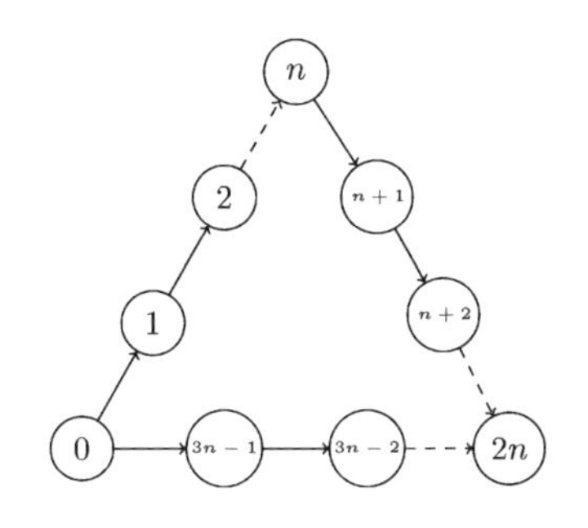

图 4-3 等边三角框架

对于第二个结论，注意，如果对任意自然数 l, $m \neq (2l+1)n$, 那么边长为 m 的等边三角框架中含有长度为 3 的 m- 跳跃循环，但不含任何 n-跳跃奇循环。因此，m-跳跃说谎者悖论的矛盾程度不会小于或等于 n-跳跃说谎者悖论的。同理可证：如果对任意自然数 l, $n \neq (2l+1)m$, 那么 n-跳跃说谎者悖论的矛盾程度不会小于或等于 m-跳跃说谎者悖论的。这样，m-跳跃说谎者悖论与 n-跳跃说谎者悖论的矛盾程度无法比较。

最后，比较跳跃说谎者悖论与卡片悖论的矛盾程度。首先注意，任何 n-跳跃奇循环一定是 n 的某个奇数倍。由此，立即得出跳跃说谎者悖论出现矛盾的一个必要条件。

推论 4.4.2 对任意正整数 n, 如果 n-跳跃说谎者悖论在一个框架中是矛盾的，那么该框架必定含有高度是 n 的某个奇数倍的循环。 ■

推论 4.4.3 (1) 对任意 $m \geqslant 1$ 和 $n > 1$, m-卡片悖论的矛盾程度都不会小于或等于 n-跳跃说谎者悖论的，因此，它们的矛盾程度不会相等。

(2) 如果 n 是大于 1 的奇数，那么 n-跳跃说谎者悖论的矛盾程度（严格）弱于说谎者悖论的，因而也弱于每个卡片悖论的矛盾程度；

(3) 如果 $n = 2^i(2j+1)$ $(i \geqslant 1, j \geqslant 0)$, 那么对任意 $m = 2^i k$ $(k \geqslant 1)$, n-跳跃说谎者悖论的矛盾程度（严格）弱于 m-卡片悖论；对其他的 m, n-跳跃说谎者悖论与 m-卡片悖论的矛盾程度无法比较。

证明

(1) 考虑边长为 1 的等边三角框架 (例如, 图 1-2 框架 $\mathcal{K}_3'$)。显然, 当 $n > 1$ 时, 这样的框架不会含有 n-跳跃奇循环, 由定理 4.4.1 可知, n-跳跃说谎者悖论在这一框架中是不矛盾的。但由定理 3.3.1 可知, 每个卡片悖论在这样的框架中都是矛盾的, 所以结论得证。

(2) 这是推论 4.4.1 第一个结论的直接推论。

(3) 假设 n-跳跃说谎者悖论在框架 $\mathcal{K}$ 中是矛盾的。当存在 $i \geqslant 1$, $j \geqslant 0$ 使得 $n = 2^i(2j+1)$ 时, 根据推论 4.4.2, $\mathcal{K}$ 中包含高度是 2^i 的奇数倍的循环。而任何循环, 其高度只要是 2^i 的奇数倍, 就一定不能为 2^{i+1} 整除。所以, 根据定理 3.3.1, 如果正整数 m 是 2^i 的倍数, 那么 m-卡片悖论在 $\mathcal{K}$ 中必定也是矛盾的。因而, 可以断言 n-跳跃说谎者悖论的矛盾程度小于或等于 m-卡片悖论。再根据结论 (1), 前者的矛盾程度必定小于后者的矛盾程度。

如果正整数 m 不是 2^i 的倍数, 令 $m = 2^k(2l+1)$, 则 $k < i$。考虑边长为 n 的等边三角框架。在这样的框架中, 显然存在长度为 3 的 n-跳跃循环, 因而根据定理 4.4.1, n-跳跃说谎者悖论在这样的框架中是矛盾的。但是, 注意到 $k+1 \leqslant i$, 这样的框架中含有唯一一个循环, 其高度 $2^i(2j+1)$ 必定为 2^{k+1} 整除。所以, 根据定理 3.3.1, 在这样的框架中, m-卡片悖论不是矛盾的。综上, 当 $2^i \nmid m$ 时, n-跳跃说谎者悖论的矛盾程度不会小于或等于 m-卡片悖论的矛盾程度。再结合结论 (1), 可知它们的矛盾程度是无法比较的。 ■

上面的推论再次表明悖论的矛盾程度是非常丰富的。

4.4.2 悖论的可定义性

本小节对悖论的可定义性进行讨论。首先注意, 可定义性一定与语言相关。为简便起见, 本小节中的形式语言始终都假定其中变元集为 $\{p_i \mid i \in \mathbb{N}\}$。

定义 4.4.5 对于某个框架类, 如果其中的元素刚好是语句网 Σ 的刻画框架, 亦即 Σ 在并且只在上述框架类中的元素中是矛盾的, 那么就称上述框架类由语句网 Σ **定义**。一个框架类如果可由某个悖论的语句网定义, 就称它是**悖论**

可定义的。

例如, 含有奇循环的框架构成的框架类可由说谎者悖论对应的语句网 $p:\neg p$ 定义, 因此, 这个框架类是悖论可定义的。注意框架类的定义不必是唯一的。比如, 上述框架类还可由语句网 3- 卡片悖论对应的语句网 $\{p_1:\neg p_3, p_2:p_1, p_3:p_2\}$、亚布洛悖论对应的语句网等来定义。

前面通过隐定义的方式给出了 n-跳跃说谎者悖论, 并确定了它们的刻画框架类。现在, 一个自然的问题是, 这些悖论的刻画框架类是不是悖论可定义的。这个问题对除 1 之外的 n 都不是显然的。下面的讨论也是初步的。

命题 4.4.1 对任意 $n>1$, 不会存在单元的 (即只含一个元素的) 语句网, 使得它的刻画框架类刚好是 n-跳跃说谎者悖论的刻画框架类。

证明

首先断言: 任何单元的语句网, 只要它是悖论的, 就必定与说谎者悖论是等矛盾程度的。但根据推论 4.4.1, 当 $n>1$ 时, n-跳跃说谎者悖论要么矛盾程度小于说谎者悖论, 要么矛盾程度与说谎者悖论无法比较。因此, 这些跳跃说谎者悖论的刻画框架类都不可能由单元的语句网来定义。

下面证明断言。设语句网为 $\pi:A$, 假设它是悖论的。则它在单点自返框架上是矛盾的。比如, 考虑图 1-1 中的框架 $\mathcal{K}_1$。$\mathcal{K}_1$ 中没有 $\pi:A$ 的可容许赋值。也就是说, 对任意赋值 $\mathcal{V}$, 从 $u\in\mathcal{V}(\pi) \iff u\in\mathcal{V}(A)$ 必然导出矛盾。由此, 容易看出 A 必然逻辑等价于 π。这样, $\pi:A$ 与 $\pi:\neg\pi$ 的矛盾程度必定相等。 ■

然而, 命题 4.4.1 并没有回答 $n>1$ 时 n-跳跃说谎者悖论刻画框架类的可定义性问题。一般地, 为了证明某个框架类不是悖论可定义的, 我们可先确定那些悖论可定义的框架类必须满足的条件, 然后证明那个框架类不满足这些条件中的一个即可。

命题 4.4.2 悖论可定义的框架类都满足下列条件:

(1) 它必定包含单点自返框架, 更一般地, 它必定包含这样的框架, 其中必有一点, 自己通达自己。它必定不会包含空关系的框架;

(2) 它**关于不交并封闭**，即如果它包含某些框架，那么它必定也包含这些框架的不交并；

(3) 它**关于母框架封闭**，即如果它包含某个框架，那么它必定也包含这个框架的任意母框架 (见定义 1.3.1 之下)；

(4) 它**关于同态封闭**，即如果包含某个框架，那么它必定也包含这个框架的同态像。

命题 4.4.1 的证明是简单的，此略。但由于 n-跳跃说谎者悖论刻画框架类都满足上述条件，所以使用这些条件中的任何一个还不足以解决 n-跳跃说谎者悖论刻画框架类的可定义性问题。我们还需要寻找更精当的条件。至此，我们只能猜测当 $n>1$ 时，n-跳跃说谎者悖论刻画框架类都不是可定义的 (参见猜想 4.4.2)。

需要指出的是，我们可把跳跃说谎者悖论的构造进行推广，构造出更多的 "跳跃式" 悖论。首先注意，在定义 4.4.1 中，我们对跳跃说谎者悖论进行了规定。这种规定的特点是在说谎者悖论中的可容许赋值条件中，用条件 $u\,R^n\,v$ 替换 $u\,R\,v$。因为可容许赋值条件唯一地确定了刻画框架类，所以这种替换得到的条件在矛盾程度等价的意义下也唯一地确定了一个悖论 (但未知它是否一定可用语句网表达)。由此，我们可从两个方面来对这种构造进行推广。

一方面，在说谎者的可容许赋值条件中，除 $u\,R^n\,v$ 外还可用 u 和 v 的其他条件来替换 $u\,R\,v$。比如，用 $u\,R^*\,v$ 表示 $u\,R^n\,v$ 至少对某个 $n\geqslant 1$ 成立，则如同定义 4.4.1 所规定的，条件

$$v\in\mathcal{V}(p)\ \xLeftrightarrow{u\,R^*\,v}\ u\notin\mathcal{V}(p) \tag{4.11}$$

在矛盾程度等价的意义上唯一地确定了一个悖论，可称这个悖论为 **$*$-跳跃说谎者悖论**。又如，用 $u\,R^\star\,v$ 表示 u, v 之间存在长度至少为 1 的路，则类似可规定 **$\star$-跳跃说谎者悖论**。

注意，$\star$-跳跃说谎者悖论的刻画框架显然为通达关系非空的框架。因而，根据例子 4.3.1，$\star$-跳跃说谎者悖论的刻画框架类可用子句集 $\{p:q, p:\neg q\}$ 定义，但

还不知这个刻画框架类是否能为语句网定义。

另外，可从任何一个悖论的语句网出发，用 $u\,R^n\,v$ 或其他类似条件替换这个语句网中子句可容许赋值条件中的 $u\,R\,v$，就可构造出相应的跳跃式悖论。举例言之，对于 n-卡片悖论 $C^n(\varepsilon_1,\cdots,\varepsilon_n)$（参见例子 4.1.2），对任意 $1\leqslant i\leqslant n$，N_i 或为正整数或为 $*$ 或为 $\star$，把条件 4.6 改为

$$v\notin^{\varepsilon_i}\mathcal{V}(p_i)\quad\overset{u\,R^{N_i}\,v}{\Longleftrightarrow}\quad u\in\mathcal{V}\left(p_{i_n^-}\right),\tag{4.12}$$

则相应地规定出来一个悖论，可命名为 $\langle N_1,N_2,\cdots,N_n\rangle$-跳跃卡片悖论。又如，对任意一个无穷序列 s，其中每个分量的值或为正整数或为 $*$ 或为 $\star$，也可类似规定一个 s-跳跃亚布洛悖论。

我们可以仿照上一小节的方法对上述跳跃式悖论进行刻画，确定它们的框架类。对于所有这些框架类，我们仍然可以期待，除了那些已知可定义的之外，其余的都是悖论不可定义的。联系前面悖论与循环的关系来看，如果某个跳跃式悖论是循环依赖的（也就是说，如果这个悖论的刻画框架必定不是森林），那么这个悖论的可定义性问题相当于问是否可找到某个显定义的悖论，它的恶性循环刚好是（与它的刻画框架对应的）某类循环。在这个意义上，悖论的可定义性问题本质上是悖论与循环的关系问题。

最后，我们以一些待解决的问题来结束本书的探讨。

在我们的理论框架下，最基本的问题是悖论的刻画问题，即（可显定义亦可隐定义）给出一个悖论，确定其刻画框架类。我们特别关心下面几类悖论。

问题 4.4.1　刻画说谎者语句的多值变形，例如，三值说谎者：

$$\text{语句 (4.13) 或者为假或者既非真又非假。}\tag{4.13}$$

说谎者语句的多值变形常常是因为某种说谎者的解决方案提出来的“报复”悖论，像上面的三值说谎者就是为反驳克里普克的归纳构造方案而提出来的。本书对说谎者悖论的处理不但不回避其中出现的矛盾，反而直接求解它出现矛盾的所有场合，这种做法当然不存在任何“报复”。这里提出刻画诸如三值

说谎者这样的悖论，目的是希望前面在二值语义中对悖论所作的刻画能推广到多值语义中。

问题 4.4.2 刻画超穷赫茨伯格悖论和麦吉悖论。

这个问题在前面已作过部分回答，已给出了超穷赫茨伯格悖论和麦吉悖论的刻画框架应满足的充分条件，至于充要条件，可猜测所有的超穷赫茨伯格悖论（和麦吉悖论）在一个框架中是矛盾的，当且仅当这个框架含有高度逼近 $-\infty$ 的路（因而，赫茨伯格超穷序列的矛盾程度都相等）。这里，高度逼近 $-\infty$ 的路指的是这样的无穷序列 $u_0, u_1, \cdots, u_n, \cdots$，使得对任意 $N > 0$，都存在 n，$u_0, u_1, \cdots, u_n$ 的高度不大于 $-N$。

问题 4.4.3 刻画诸如例子 4.1.3 之类的悖论。

例子 4.1.3 的一般特征是，它含有有穷多个公式，在每个公式中，每个变元所指向的公式都是这些变元的布尔组合。前面已经得到刻画的卡片序列、克里悖论语句都属于此类序列，但前者因每个变元所指向的公式仅仅是某个变元或某个变元的否定故比较简单，而后者中用来指向的变元只有一个也比较简单。在上述问题中，所讨论的序列中用来指向的变元有两个以上，并且被指向的公式通常是类似于多项式的由多个变元构成的布尔组合式。这样的序列要远比先前提到的那些序列都要复杂。

刻画问题的本质在于确定悖论的相对矛盾性，与此相关，我们可以比较悖论之间矛盾程度的强弱。这样的问题前面已解决了一些，这里再提几个。

问题 4.4.4 按 n- 行亚布洛式悖论对 n- 卡片悖论的关系，可一般性地对任何一个语句网规定其展开，比较这个语句网与其展开之间矛盾程度的强弱。

注意以上展开可连续不断进行直至无穷。例如，对说谎者语句进行展开得到亚布洛序列，对亚布洛序列进行展开可得到二维亚布洛序列，然后又可得到三维亚布洛序列，如此等等。可以猜测，在这个展开过程中，自指性的程度逐渐降低，但循环性始终保持不变。

问题 4.4.5 比较卡片悖论与超穷赫茨伯格悖论之间矛盾程度的强弱。

这个问题与问题 4.4.2 相关，猜测每个超穷赫茨伯格悖论的矛盾程度都严格地强于卡片悖论。

问题 4.4.6 是否存在悖论序列，使得它的矛盾程度介于说谎者悖论与佐丹卡片悖论的矛盾程度之间？更一般地，对于任意两个悖论，如果它们的矛盾程度一个比另一个小，那么是否存在这样的悖论，其矛盾程度介于上述两个悖论的矛盾程度之间？

悖论按矛盾程度分为两两互不等价的等价类，每个等价类代表一个矛盾程度。这些等价类构成了一个代数结构。上一问题可看成是问这个代数结构是否是稠密的。我们还可以问：这个代数结构是否具有上界（对任意悖论，是否存在悖论，使得后者的矛盾程度大于前者的矛盾程度），是否是完备的（对任意一组悖论，是否存在这样的悖论，其矛盾程度是那组悖论的矛盾程度的最小上界），如此等等。一般地，需探寻悖论矛盾程度的等价类形成的代数具有何种结构。

回忆一下，对于任何一个公式集，我们曾提出紧致性概念：如果当它在某个框架中是矛盾的时，它必在这个框架的某个有穷子框架中也是矛盾的，那么就称它满足紧致性。比如，前面已经证明，在讨论过的具体的悖论序列中，除了超穷赫茨伯格序列和悖论外，其余的都具有紧致性。由于紧致性意味着悖论的矛盾可以“有穷地”产生，所以对于矛盾性的探究而言，悖论序列的紧致性是极端重要的。循环依赖的小悖论一定是紧致的，反过来我们作出如下的猜测。

猜想 4.4.1 所有紧致悖论一定满足循环依赖性。

当然，还有我们刚刚讨论过的悖论的可定义性问题。

猜想 4.4.2 当 $n > 1$ 时，n-跳跃说谎者悖论刻画框架类都是不可定义的。

因为主要考虑的问题都是围绕着悖论提出的，因而一个重要的问题是悖论性判定的问题。

问题 4.4.7 是否存在算法用于判定语句网是悖论的？

要判定一个序列是否是悖论，只需看它在极小自返框架中是否是矛盾的，因而，当公式序列限定为有穷的时，由于只在实质上涉及有穷多个变元，因而可以猜测悖论性判定的算法应该是存在的，但当公式序列为无穷序列时，情况就变得异常复杂，算法存在与否甚至难以猜度。

最后，应该指出，前面的问题都是针对本章中的命题语言而提的，但实际上所有这些问题对前一章的语言 $\mathfrak{L}^+$ 也有意义。需要注意的是，除了最后两个问题之外，其余问题不论是相对于哪种语言中来进行解答，其回答都是相同的。

参 考 文 献

陈波. 2005. 逻辑哲学. 北京: 北京大学出版社.

刘壮虎. 1993. 自指性命题的逻辑构造. 哲学研究 (增刊), 5: 5-12.

王浩. 2004. 哥德尔思想概说. 科学文化评论, 1: 76-96.

文兰. 2003. 解一个古老的悖论. 科学 (上海), 55: 51-54.

熊明. 2008. 说谎者悖论的恶性循环. 哲学研究, 12: 109-115.

熊明. 2010. 塔斯基定理的一种推广. 逻辑学研究, 1: 73-88.

熊明. 2013. 真谓词的一个新模式. 哲学研究, 7: 111-118.

张家龙. 2004. “悖论”//张清宇. 逻辑哲学九章. 南京: 江苏人民出版社.

张建军. 2002. 逻辑悖论研究引论. 南京: 南京大学出版社.

Adamowicz Z, Bigorajska T. 2001. Existentially closed structures and Göodel’ s second incompleteness theorem. Journal of Symbolic Logic, 66(1): 349-356.

Antonelli G A. 1994. Non-well-founded sets via revision rules. Journal of Philosophical Logic, 23(6): 633-679.

Barba J. 1998. Construction of truth predicates: Approximation versus revision. The Bulletin of Symbolic Logic, 4(4): 399-417.

Barwise J, Moss L. 1996. Vicious Circles: on the Mathematics of Non-wellfounded Phenomena, volume, of CSLI Lecture Notes. Standford: CSLI Publications.

Beall J C. 2001. Is Yablo’ s paradox non-circular? Analysis, 61(3): 176-187.

Beall J C. 2007. Truth and paradox: a philosophical sketch//Jacquette D. Philosophy of Logic: 325-410. Elsevier, Amsterdam.

Beall J C. Curry’ s paradox//Zalta E N. 2008. The Stanford Encyclopedia of Philosophy. http: //plato. stanford. edu/entries/curry-paradox [2008-2-13].

Belnap N. 1982. Gupta’ s rule of revision theory of truth. Journal of Philosophical Logic, 11: 103-116.

Bochenski I M. 1970.A History of Formal Logic.2nd ed. New York: Chelsea Publishing Company.

Bolander T. 2003. Logical Theories for Agent Introspection. PhD thesis, Technical University of Denmark.

Boolos G. 1989. A new proof of the Gödel incompleteness theorem. Notices of the American Mathematical Society, 36: 388-390.

Boolos G. 1993. Logic of Provability. Cambridge: Cambridge University Press.

Bringsjord S, van Heuveln B. 2003. The 'mental eye' defense of an inflnitized version of Yablo' s paradox. Analysis, 63(1): 61-70.

Burgess J. 1986. The truth is never simple. Journal of Symbolic Logic, 51(3): 663-681.

Butler J. 2008.An inflnity of undecidable sentences.http:www.cs.utk.edu/butler/philosophy/draft material/aious 12 july 2008. pdf [2009-2-21].

Chihara C. 1979.The semantic paradoxes: a diagnostic investigation. The Philosophical Review, 88(4): 590-618.

Cook R T. 2004. Patterns of paradox. Journal of Symbolic Logic, 69(3): 767-774.

Diestel R. 2000. Graph Theory, Graduate Texts in Mathematics. 2nd ed. New York: Springer-Verlag.

Fitting M. 1986. Notes on the mathematical aspects of Kripke' s theory of truth. Notre Dame Journal of Formal Logic, 27(1): 75-88.

Fitting M. 2006. Bilattices are nice things//Pedersen SA, Bolander T, Hendricks V F. Self-Reference. Stanford: CSLI Publications.

Gaifman H. 1999. Self-reference and the acyclicity of rational choice. Annals of Pure and Applied Logic, 96: 117-140.

Gödel K. 1931. Über formal unentscheidbare Satze der Principia mathematica und verwandter System I. Monatshefte fur Mathematik und Physik, 38: 173-198.

Gupta A. 1982. Truth and paradox. Journal of Philosophical Logic, 11: 1-60.

Gupta A, Belnap N. 1993. The Revision Theory of Truth. Cambridge: MIT Press.

Haack S. 1978. Philosophy of Logics. Cambridge: Cambridge University Press.

Halbach V, Welch P. 2009. Necessities and necessary truths: a prolegomenon to the use of modal logic in the analysis of intensional notions. Mind, 118(469): 71-100.

Halbach V, Leitgeb H, Welch P. 2003. Possible-worlds semantics for modal notions conceived as predicates. Journal of Philosophical Logic, 32(2): 179-223.

Hellman G. 1985. Review. Journal of Symbolic Logic, 50(4): 1068-1071.

Herzberger H G. 1982a.Naive semantics and the Liar paradox.Journal of Philosophy, 79: 479-497.

Herzberger H G. 1982b.Notes on naive semantics.Journal of Philosophical Logic, 11: 61-102.

Hodges W. 2006. Tarski' s truth definitions//Zalta E N. The Stanford Encyclopedia of Philosophy. http: //plato. stanford. edu/entries/tarski-truth/[2010-8-16].

Hsiung M. 2009. Jump Liars and Jourdain' s Card via the relativized T-scheme. Studia Logica, 91(2): 239-271.

Hsiung M. 2013a. Equiparadoxicality of Yablo' s paradox and the Liar. Journal of Logic, Language and Information, 22(1): 23-31.

Hsiung M. 2013b. Tarski' s theorem and Liar-like paradoxes. Logic Journal of the IGPL, First Published Online[2013-7-15].

Jech T. 2003. Set Theory. 3rd ed. Berlin: Springer.

Kremer P. On the semantics for languages with their own truth predicates// Chapuis A, Gupta A. 2000. Truth, Definition and Circularity. New Delhi: Indian Council of Philosophical Research.

Kripke S A. 1975. Outline of a theory of truth. Journal of Philosophy, 72(19): 690-712.

Leitgeb H. 2001. Truth as translation...part A, part B. Journal of Philosophical Logic, 30: 281-307, 309-328.

Löwe B. 2006. Revision forever!//Schärfe H, Hitzler P, Øhrstrøm P. 2006. ICCS, volume 4068 of Lecture Notes in Computer Science. Berlin, Heidelbery: Springer.

Martin R L, 1975. On representing 'true-in-L' in L. Philosophia, 5(3): 213-217.

Martin R L. 1984.Recent Essays on Truth and the Liar Paradox.Oxford: Oxford University Press.

McGee V. 1985. How truthlike can a predicate be? a negative result. Journal of Philosophical Logic, 14(4): 399-410.

McGee V. 1991. Truth, Vagueness and Paradox: an Essay on the Logic of Truth. Hackett, Indianapolis.

McGee V. 1992. Maximal consistent sets of instances of Tarski' s schema (T). Journal of Philosophical Logic, 21(3): 235-241.

McGee V. 1996. Review of the revision theory of truth. Philosophy and Phenomenological Research, 56: 727-730.

McGee V. 1997. Revision. Philosophical Issues, 8: 387-406.

Moschovakis Y N. 1974. Elementary Induction on Abstract Structures//Suppes P. Studies in Logic and the Foundations of Mathematics. Amsterdam: North-Holland.

Moschovakis Y N. 2006. Notes on Set Theory//Axler S, Ribbt K A. Undergraduate Texts in Mathematics. 2nd rd. Springer, New York: Springer.

Priest G. 1997. Yablo' s paradox. Analysis, 57(4): 236-242.

Quine W V. 1937. New foundations for mathematical logic. American Mathematical Monthly, 44(2): 70-80.

Ramsey F P. 1925. The foundations of mathematics. Proceedings of the London Mathematical Society, 25(2): 338-384.

Ramsey F P. 1990. Philosophical Papers. Cambridge: Cambridge University Press.

Russell B. 1908. Mathematical logic as based on the theory of types. American

Journal of Mathematics, 30: 222-262.
Schlenker P. 2007. The elimination of self-reference: generalized Yablo-series and the theory of truth. Journal of Philosophical Logic, 36(3): 251-307.
Sheard M. 1994.A guide to truth predicates in the modern era. Journal of Symbolic Logic, 59(3): 1032-1054.
Sheard M. 2001. Weak and strong theories of truth. Studia Logica, 68(1): 89-101.
Sorensen R. 1998. Yablo' s paradox and kindred infinite liars. Mind, 107(425): 137-155.
Tarski A. 1936. The concept of truth in formalized languages. Studia Philosophica, 1: 261-405.
Tarski A. 1956. Logic, semantics, metamathematics: papers from 1923 to 1938. Oxford: Clarendon Press.
Tarski A. 1999. The semantic conception of truth and the foundations of semantics // Black-burnS, Simmons K. Truth, Oxford Readings in Philosophy. New York: Oxford University Press: 115-143.
Tennant N. 1995. On paradox without self-reference. Analysis, 55(3): 199-207.
Tourlakis G. 2003. Lectures in Logic and Set Theory, Vol. 1: Mathematical Logic. Cambridge: Cambridge University Press.
Van Heijenoort J. 1970. Frege and Göodel: Two Fundamental Texts in Mathematical Logic. Cambridge, Mass: Harvard University Press.
Visser A. 1989. Semantics and the Liar paradox//Gabbay D, Guenthner F, Handbook of Philosophical Logic, (IV): 617-706.
Wittgenstein L. Philosophical Remarks. Oxford: Basil Blackwell.
Yablo S. 1985.Truth and refiection. Journal of Philosophical Logic, 14(3): 297-349.
Yablo S. 1993. Paradox without self-reference. Analysis, 53: 251-252.
Yablo S. 2004. Circularity and paradox//Hendricks V F, Bolander V F H T, PedersenS A. Self-Reference.Stanford: CSLI Publications: 139-157.

符　　号

$(n)_2$	n 的素数分解式中 2 的重数
$+_m$	$\mathbb{N}_m$ 上的加法运算
$-_m$	$\mathbb{N}_m$ 上的加减法运算
τ	可容许指派
C	佐丹卡片序列
C_1, C_2	佐丹卡片语句
$C_i^n(\varepsilon_i)$	序列 $C^n(\varepsilon_1, \cdots, \varepsilon_n)$ 的第 i 个语句
c	着色
D	表示关系 d 的谓词
d	自然数上的特定二元关系
d	两点之间的距离
$\ulcorner\urcorner$	哥德尔编码
$H_{2n}(u, v)$	$\mathbb{N}_{2n}$ 的某种子集
H^κ	α-元赫茨伯格序列
J, J^κ	跳跃算子
$\mathcal{K} = \langle W, R\rangle$	框架
$\mathcal{K}^n = \langle W^{(N)}, R^{(n)}\rangle$	$\mathcal{K}$ 的一次关于 uRv 的 n-回退
κ	强三值模式
L	说谎者语句
C^n	C_{F}^n 的简写
$C^n(\varepsilon_1, \cdots, \varepsilon_n)$	代表某种语句序列
C_{F}^n	n-卡片序列
C_{T}^n	n-卡片序列的对偶
$\mathfrak{L}$	形式算术语言

$\mathfrak{L}^+$	带 T 谓词的形式算术语言
$\mathbb{L}_{2n}$	$2n$-轮盘的输数集
$\mathfrak{M} = \langle \mathfrak{N}, X \rangle$	模型
$\mathfrak{M} \models C$	语句 C 在模型 $\mathfrak{M}$ 中为真
μ	弱三值模式
$\mathbb{N}_m$	$\{i \mid 0 \leqslant k < m\}$
$\mathfrak{N}$	自然数结构、底模型
$\boldsymbol{n}$	数字
$\pi : A$	子句
:	指向算子
$@(Z_i)$	Z_i 的指谓
Sent	表示关系 sent 的谓词
sent($\mathfrak{L}^+$)	$\mathfrak{L}^+$ 中全体闭式构成的集合
sent(n)	n 是某个闭式的编码
$\Sigma < \Gamma$	Σ 在闭盾程度上弱于 Γ
σ	超赋值模式
$\Sigma \approx \Gamma$	Σ 与 Γ 矛盾程度相同
$\Sigma \lesssim \Gamma$	Σ 在矛盾程度上不强于 Γ
τ	经典真值模式
$\mathcal{V}$	赋值
$\mathbb{W}_{2n}$	$2n$-轮盘的赢数集
$X = \langle X^+, X^- \rangle$	试验
$X \mid\models C$	语句的假
$X \models C$	语句的真
X_α	修正序列
X_α^{B}	B-修正序列

X_α^{G}　G-修正序列

X_α^{H}　H-修正序列

$X_\beta^{\mathrm{H}} |\!\models_{\beta\to\alpha} A$　至 α 阶段 H-稳定假

$X_\beta^{\mathrm{H}} |\!\models_{\infty} A$　H-稳定假

$X_\beta^{\mathrm{H}} \models_{\beta\to\alpha} A$　至 α 阶段 H-稳定真

$X_\beta^{\mathrm{H}} \models_{\infty} A$　H-稳定真

$Y \lceil X$　亚布洛序列在 X 上的限制

$Y_1, Y_2 \cdots$　亚布洛序列

Y^n　n-行亚布洛式矩阵

A, B, C　代表语句

$A(t_1, t_2 \cdots, t_k)$　公式 A 的代入

$A(t_1/x_1, t_2/x_2, \cdots, t_k/x_k)$　公式 A 的代入

R^n　n 步通达

T　真谓词符

$t^{\mathfrak{N}}$　闭项的解释

$X |\!\models C$　语句 C 在模型 $\mathfrak{M}$ 为假

$X \models C$　语句 C 在模型 $\mathfrak{M}$ 为真

$X \not\models C$　语句 C 在模型 $\mathfrak{M}$ 为假

索　引